JN093448

画像生成系

AI

Stable Diffusion
ゲーム
グラフィックス
自動生成ガイド

AI Generative Game Graphics Gems

クロノス・クラウン
柳井政和
Yanai Masakazu

秀和システム

● 注意

　本書は原稿執筆時点（2023 年 6 月）における各サービスの利用方法をまとめたものです。各サービスの利用規約は短期間で変更される可能性があります。各サービスの利用規約変更にご注意ください。

　利用規約や UI などの変更により本書に記載されている情報・手順と、実際の情報・手順とに齟齬が生じる可能性があります。各サービスの出力（ユーザーが入手する文字データや画像データ）は、短期間で変わる可能性があります。本書の記載の通りに操作しても、同じ出力を得られるとは限りません。著者並びに出版社は、出版後のこうした変更に関して責任を負いかねます

　また、AI を利用して生成したデータの取り扱いについては、文化庁ならびに内閣府が 2023 年 5 月 30 日に公開した「AI と著作権の関係等について」の文書を参考にしてください。

AI 戦略チーム （関係省庁連携）（第 3 回）
https://www8.cao.go.jp/cstp/ai/ai_team/3kai/3kai.html

AI と著作権の関係等について
https://www8.cao.go.jp/cstp/ai/ai_team/3kai/shiryo.pdf

以下、関係する箇所を抜粋して掲載します。

● AI を利用して生成した画像等をアップロードして公表したり、複製物を販売したりする場合の著作権侵害の判断は、著作権法で利用が認められている場合を除き、通常の著作権侵害と同様
● 生成された画像等に既存の画像等（著作物）との類似性（創作的表現が同一又は類似であること）や依拠性（既存の著作物をもとに創作したこと）が認められれば、著作権者は著作権侵害として損害賠償請求・差止請求が可能であるほか、刑事罰の対象ともなる

基本的には、通常の著作権侵害と同様に判断するとのことです。通常の創作と同様に、最終的にゲームの素材として利用する画像が、明らかに他の著作物の権利を侵害することは避ける必要があります。

- ⦿ 本書は個人でAIによる画像生成を楽しむことを目的としたガイドです。
- ⦿ 生成された画像を頒布（ネット上への公開を含む）、販売する場合、意図せず法的リスクを負う可能性があります。
- ⦿ 本書の著者並びに出版社は、本書の運用の結果に関するリスクについて、一切の責任を負いません。予めご了承ください。
- ⦿ 本書は内容において万全を期して制作しましたが、不備な点や誤り、記載漏れなど、お気づきの点がございましたら、出版元まで書面にてご連絡ください。
- ⦿ 本書の全部または一部について、出版元から文書による許諾を得ずに複製することは禁じられています。

⦿ 商標など

- ⦿ 本書に登場するシステム名称、製品名等は、一般に各社の商標または登録商標です。
- ⦿ 本書に登場するシステム名称、製品名等は、一般的な呼称で表記している場合があります。
- ⦿ 本書では、©、™、® などの表示を省略している場合があります。

 本書のサポートページ
本書のサポートページでは、本書に記載されているURLの一覧表、及びプロンプトのテキストなどを公開しています。
https://www.shuwasystem.co.jp/support/7980html/6233.html

まえがき

　ゲーム開発を 1 人でおこなっていると、様々な問題に直面します。プログラムが書けても、絵を描けないことがあります。両方できたとしても、画像作成中はプログラミングが止まることに悩まされます。

　2022 年に画像生成 AI が普及を始めて、こうした問題に対処できるようになりました。プログラミングの裏で画像を生成しておき、休憩のタイミングで生成された画像を確かめて選別する。そうしたことができるようになったのです。

　画像生成 AI によるゲーム用画像の生成は、同じ呪文と設定なら似た画像ができる再現性もゲーム開発と相性がよいです。一定の方法で同じクオリティの画像を多数用意することができるからです。

　本書では、画像生成 AI『Stable Diffusion』を利用して、ゲーム用の各種画像を生成します。また、VRAM 4GB という比較的低スペックな環境で、これらの作業をローカルでおこなう方法を示します。さらに、VRAM 4GB 未満の人のためにオンラインサービス（『Google Colab』）で利用する方法も示します。

　生成する画像はファンタジー系の同人ゲーム / インディーゲームの画像素材です。『Stable Diffusion』の GUI 実行環境は『AUTOMATIC1111 版 Stable Diffusion web UI』を利用します。

　本書では、画像生成 AI の簡単な解説や導入方法、使い方について書いたあと、「背景」「キャラクター」「アイテム」「アイコン」「絵地図」「UI 部品」といった画像素材の作成方法を説明します。また、『ChatGPT』を利用して、画像からゲーム用のテキストデータを作る方法も示します。

　本書の最初の原稿は 2023 年 2 月末〜 3 月頭にかけて執筆しました。その後 6 月にアップデートしました。そのため内容は、この時点でのものになります。画像生成を含む生成系 AI の業界は進歩が早く、使うプログラムの UI などは短期間に変わります。各項目の画面上の配置については必要に応じて読み換えてください。

　それでは画像生成 AI で、ゲーム用の素材画像を生成していきましょう。

2023 年 6 月　柳井政和

Contents

第4章 呪文理論 …………………………………………………… 067

第2部 | キャラクターの生成

第5章 キャラクターの生成 ………………………………………… 103

第15章 UI部品のテクスチャの生成 …………………… 241

第5部 | 文章データの生成

第16章 ChatGPT との連携1 画像に添える文書の生成 ………… 255

第17章 ChatGPT との連携2 キャラクター設定と会話の生成 … 269

筆者の実行環境

　筆者が利用している実行環境を書きます。OS は Windows 11 です。パソコンのグラフィックボードは『NVIDIA GTX 1050 Ti』です。このグラフィックボードは、3D を駆使したゲームには非力ですが、ビジネス用途には十分という性能です。原稿執筆時点（2023 年 6 月）での、価格コムの値段は 16,000 円から 22,000 円、中古価格だと 10,000 円前後です。

　名前：NVIDIA GTX 1050 Ti
　製造元：NVIDIA
　表示メモリー（VRAM）：4018MB

　VRAM は 4GB となっており、『Stable Diffusion』を動かすには下限の数値です。省メモリー設定で実行しなければ失敗することが多いです。また 1 枚生成するのに 40 秒ほどの時間がかかります。可能ならば、より高性能のグラフィックボードを購入した方が快適に画像生成をおこなえます。

　このように性能が低いグラフィックボードですが、逆に言うと、より多くの人にとって身近な環境とも言えます。世の中は高性能のマシンばかりではありませんので。

　ご自身が使用しているグラフィックボードの確認は、Windows では以下の方法でおこなえます。

1　デスクトップの虫眼鏡アイコンから「dxdiag」を検索して実行する。
2　「ディスプレイ1」タブを選択して、「デバイス」の「名前」を確認する。

　本稿を読み進める前に、パソコンのグラフィックボードの名前を確認して、どういった性能や位置づけの商品なのかを確かめておくとよいでしょう。

素材作成の目標

　本書では、様々なゲーム用の画像素材を作っていきます。最終的には以下のような
ゲーム画面の素材を『Stable Diffusion』で作れることを目指します。

本書の原稿は、筆者が 2022 〜 2023 年に、同人ゲーム『Little Land War SRPG』を開発した時の知見を中心にまとめたものです。拙作『Little Land War SRPG』では、背景画像、キャラクター画像、武器や道具の画像、絵地図画像、ダイアログなどの UI 部品を『Stable Diffusion』で生成しています。

　このゲームは Steam 他で配布しています。シンプルでサクサクと進む SRPG です。無料の体験版もありますので、是非遊んでください。

Little Land War SRPG
https://crocro.com/shop/item/llw_srpg.html

　これまでなら、こうした絵を作っているあいだは、完全にプログラムの作業が止まっていました。ゲームによっては、1 〜 2 ヶ月開発を止めて、グラフィックを作っていました。1 人で全ての作業をしていると、こうしたところで苦労します。今回はプログラミングの裏で画像が生成できたので非常に便利でした。こうした新しいツールは、積極的に活用していきたいところです。

第

1

章

ローカルでの環境構築

画像生成AIは魔法の道具。
『Stable Diffusion』をローカルマシンで
動かせるようにしましょう。

本章では「画像生成AI普及の経緯」「ローカルでの環境
構築方法」を扱います。環境構築方法については、
『AUTOMATIC1111版 Stable Diffusion web UI』の導入
や、学習モデルの入手や配置、VAEの追加について触れます。
また、VRAM 4GB（NVIDIA GTX 1050 Ti）という低スペック
環境で、どういったバッチファイルの設定にすればよいのか
を解説します。ローカルのVRAMを使わないオンラインでの
利用については第2章で解説します。

1.1 画像生成 AI の爆発的な普及

2022 年は画像生成 AI が爆発的に広がった年でした。前年の 2021 年からその萌芽はありました。2021 年には OpenAI 社による『DALL・E』が発表され、翌 2022 年 4 月には『DALL・E2』が招待制になり、7 月 20 日にはベータ版が公開されました。この頃はまだ「すごいものがあるなあ」と遠い場所を見るような目で、筆者は画像生成 AI をながめていました。他の多くの人も、似たような状況だったと思います。

DALL・E 2
https://openai.com/product/dall-e-2

こうした画像生成 AI が一般に下りてきて、爆発的に話題になったのは Midjourney 社による『Midjourney』の登場です。2022 年 7 月 12 日にオープンベータとしてサービスを開始して、Twitter などを中心に大量の画像が流れ始めました。

Midjourney
https://www.midjourney.com/

――すごい画像が短時間で生成できる。
――「呪文（プロンプト）」を利用して画像生成を制御できる。

魅力的な玩具を与えられた子供のように、ネットの多くの人たちが画像生成 AI に触れて、出力結果と情報を共有しだしました。この流れを一気に加速させたのが、2022 年 8 月 22 日、Stability Ai 社による『Stable Diffusion』のオープンソース化です。

——ある程度の GPU が載っているマシンであれば、自分のパソコン上で画像が生成できる。

——オンライン上の『Google Colab』を利用すれば、GPU が非力なマシンでも利用できる。

そうした環境が提供されたのです。

Stability AI
https://stability.ai/

Stability-AI/stablediffusion: High-Resolution Image Synthesis with Latent Diffusion Models
https://github.com/Stability-AI/stablediffusion

『Stable Diffusion』の登場で、画像生成 AI の利用は「はるか高みにある神々の道具」から「手元で遊べる人間の道具」に変わりました。筆者自身も『Midjourney』の時は有料だったこともあり、指をくわえて見ていましたが、『Stable Diffusion』はすぐに触れていろいろと試しました。

そこからの進歩は超速でした。『Stable Diffusion』を使う環境を自動でインストールするソフトの登場、Web ブラウザーの UI で使うためのプログラムの開発、それらが全てパックになった環境の提供、そして多くのフィードバックを得ながら、ツールは様々な環境でも動くように進化していきました。

筆者も、最初はそうしたツールを『Google Colab』で利用していました。しかし対応環境が充実してきた段階で、ローカルに移行して自宅のパソコンで実行するように変わりました。

Section

1.2　利用するソフト

　本書では『Stable Diffusion』を直接使わず、『Stable Diffusion web UI - AUTOMATIC1111』（以降『Web UI』と表記）を利用します。『Web UI』は、必要な環境を自動でインストールして、Web ブラウザーの GUI 経由で操作できるソフトウェアです。

AUTOMATIC1111/stable-diffusion-webui: Stable Diffusion web UI
https://github.com/AUTOMATIC1111/stable-diffusion-webui

Stable Diffusion web UI - AUTOMATIC1111

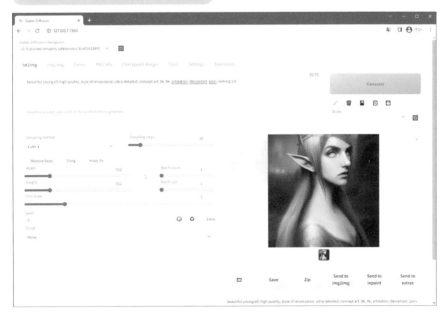

この『Web UI』は、アップデートの頻度が高く、改良ペースが速いです。そのため本稿とのズレはあると思います。その際は、その都度、最新の情報と読み換えていただければと思います。本書の執筆時点（2023年6月）では、最新バージョンは1.4になっています。こうした、最新のツールを使う際には、公式ドキュメント自体が、最新の内容に追い付いていないことも多いです。ブログなどを検索して、有志の知見を吸収しながら利用していくことが必須となります。

Web UIの頻繁なバージョンアップ

バージョン	リリース時期
1.0.0-pre	2023/01/25
1.1.0	2023/05/01
1.2.0	2023/05/13
1.2.1	2023/05/14
1.3.0	2023/05/28
1.3.1	2023/06/02
1.4.0-RC	2023/06/10
1.4.0	2023/06/27

本稿の内容を実際に試すには、Windowsパソコン環境で、『Web UI』が動くことが前提になります。VRAMが4GB以上のグラフィックボードがなければ、この環境を動かすことはできません。マシン性能の問題で無理という場合は、ネットに公開されている『Google Colab』で利用できるバージョンを探して利用するとよいです。この方法は、別の章で解説します。

それでは以下、ローカルへの環境構築の方法を書いていきます。

1.3 ソフトのインストール

環境構築は、公式サイトの「Automatic Installation on Windows」にまとまっています。この情報を見て、順番にソフトをインストールしてコマンドを実行していきます。

AUTOMATIC1111/stable-diffusion-webui: Stable Diffusion web UI
https://github.com/AUTOMATIC1111/stable-diffusion-webui

基本の流れは「Python のインストール」「git のインストール」「git を利用した AUTOMATIC1111/stable-diffusion-webui のインストール」です。その後「webui-user. bat」の実行などがあります。

1 Pythonのインストール
2 gitのインストール
3 gitを利用したAUTOMATIC1111/stable-diffusion-webuiのインストール
4 「webui-user.bat」の実行
5 「webui-user-my.batの作成」の作成
6 学習モデルの追加入手と配置（必須ではない）

注意すべき点は、公式ページに書いてある『Python』のバージョンをインストールすることです。異なるバージョンをインストールすると、動かないなどのトラブルが起きます。インストールする『Python』のバージョンは、本書の執筆時点では、3.10.6 となっています。

Python Release Python 3.10.6 | Python.org
https://www.python.org/downloads/release/python-3106/

『git』のインストールは、ダウンロードして実行すればよいです。『git』を使えば、必要なファイルも含めてプログラムをダウンロードしてくれます。

Git - Downloading Package
https://git-scm.com/download/win

次は『git』を利用した『Web UI』のインストールです。インストールするフォルダーでコマンド プロンプトを開き、以下のコマンドを入力して実行します。

```
git clone https://github.com/AUTOMATIC1111/stable-diffusion-
webui.git
```

特定のフォルダーでコマンド プロンプトを開くには、『Explorer』でその場所を開いた状態で、アドレスバーに「cmd」と入力して「Enter」キーを押します。他の方法でターミナルを開くと『Windows PowerShell』が起動します。『Windows PowerShell』でおこなえることは、コマンド プロンプトと基本的に同じです。どちらでも構いません（『Windows PowerShell』は、コマンド プロンプトより高機能です）。

インストールするフォルダーは、C ドライブ直下などネストが浅い方がよいです。インストールの過程で、多くのフォルダーが作成され、大量のファイルがダウンロードされます。パスが短い方がトラブルが少なくなります。

公式サイトには『git』を使わずに zip ファイルをダウンロードして展開する方法も掲載されています。こちらの方法を使って導入してもよいです。その際は、バージョンアップ時にはコマンドを実行するのではなく、zip の解凍からおこなうことになります。こうした環境構築の手順ですが、方法が変わる可能性があるので必ず公式の手順を確認してください。

1 から 3 までが完了したら次に進みます。以降「〈インストール先〉」は『Web UI』をインストールしたパスを指します。

1.4　webui-user.bat の実行

　「〈インストール先〉/webui-user.bat」を実行してインストールを開始します。コマンド プロンプトが開き、インストールが始まります。実は、『git』で『Web UI』を導入した時点では、インストールは完了していません。「webui-user.bat」を実行した際に、必要なファイルをネットからダウンロードして環境を構築します。ファイルのダウンロードには時間がかかります。通信環境にも寄りますが、1時間以上は見ておいた方がよいでしょう。

　「Running on local URL:　http://127.0.0.1:7860」という表示が出れば、インストールが終わっています。この時点で、学習モデルもダウンロードされているので「http://127.0.0.1:7860」を Web ブラウザーで開けばそのまま使うことができます。

Web UI
http://127.0.0.1:7860

　過去のバージョンでは、学習モデルは別途ダウンロードする必要があり、いきなり起動することはできませんでした。その時期は「続行するには何かキーを押してください」と出たあとコマンド プロンプトを終了して、学習モデルのダウンロードをする必要がありました。

Section 1.5 webui-user-my.bat の作成

　現在の『Web UI』では、低 VRAM 用の設定を利用しなくても画像を生成できます。しかし、少し大きな画像を作るとすぐにエラーが出てしまいます。そのため、低 VRAM で実行するためのバッチファイルを作成して、そちらを利用した方がよいです。

　以下のファイルをコピーして、同じフォルダーに「webui-user-my.bat」を作ります。

　　〈インストール先〉/webui-user.bat

　　　　↓

　　〈インストール先〉/webui-user-my.bat　（コピーしたファイル）

　そして「webui-user-my.bat」の「set COMMANDLINE_ARGS=」の行を「set COMMANDLINE_ARGS=--medvram --xformers」に書き換えます。

 bat

```
set COMMANDLINE_ARGS=
　　↓
set COMMANDLINE_ARGS=--medvram --xformers
```

　「--medvram」（中 VRAM）が VRAM が少ない環境での設定です。これでも上手くいかない場合は「--lowvram」（低 VRAM）を試してください。

　「--xformers」は省メモリーと高速化のための設定です。「--xformers」を設定すると、画像再生成時に若干画像が変わります。それを嫌う場合は、この設定を使わないようにしてください。基本的には使った方がよいです。

1.6 webui-user-my.bat の実行

　「webui-user-my.bat」を実行します。必要なファイルが不足している場合は、自動でネットからダウンロードとインストールをおこないます。「--xformers」の引数を設定していると、初回実行時に『xformers』用のファイルが導入されます。

　「Running on local URL: http://127.0.0.1:7860」と出たら、Web ブラウザー経由でアクセス可能になります。筆者の環境だと 1 分ぐらいです。「http://127.0.0.1:7860」をWeb ブラウザーで開きます。バッチファイル実行時に開いたコマンド プロンプトは閉じないでください。こちらが『Web UI』の本体です。

　「Prompt」入力欄に単語を入力して「Generate」ボタンを押せば画像が生成されます。『Web UI』とコマンド プロンプトに、途中の進行状況が棒グラフで表示されます。

Web UI で画像生成

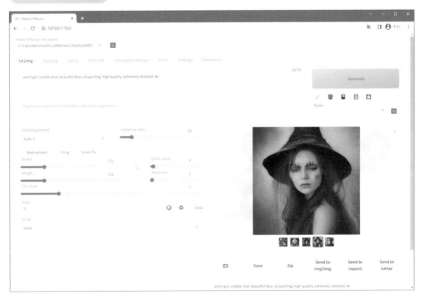

1.7 学習モデルの配置方法

『Web UI』では、1.5 の学習モデルを最初からダウンロードして使えるようにしています。そのため、別途学習モデルを追加しなくても、そのまま利用できます。

ここでは、その他の学習モデルを追加して使えるようにする方法を示します。入手した学習モデルは適切な場所に配置する必要があります。学習モデルの配置先は、以下のフォルダーです。

 〈インストール先〉/models/Stable-diffusion/

配置した学習モデルは種類を切り替えて利用できます。『Web UI』の一番上にある「Stable Diffusion checkpoint」の右横にあるリロードボタンをクリックします。配置したファイルがドロップダウンリストに反映されます。ドロップダウンリストを開いて、配置した学習モデルが追加されていることを確認してください。

Stable Diffusion checkpoint

Stable Diffusion checkpoint
v1-5-pruned-emaonly.safetensors [6ce0161689]　∨　🔄

学習モデルを変更した場合は「Loadings...」と表示されて、しばらくの時間、読み込みを待機する必要があります。数分から 10 分以上の時間がかかるので、頻繁な切り替えには向いていません。

Section

1.8 学習モデルの追加入手 1

学習モデル（model.ckpt）の入手は『Hugging Face』というサイトからおこないます。
Hugging Face 社は、機械学習アプリケーションを作成するためのツールを開発して
いる企業です。

 Hugging Face - The AI community building the future.
https://huggingface.co/

Hugging Face

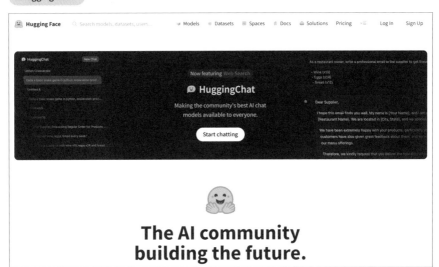

『Stable Diffusion』本家の学習モデルには、いくつかバージョンがあります。現時
点では、1.1、1.2、1.3、1.4、1.5、2.0、2.1 があります。筆者は、1.4 の時点でゲーム

の素材を作りました。各バージョンの違いを解説しておきます。

1.1 〜 1.4 は、Stability AI 社から出ています。1.5 は、Runway 社から出ています。『Stable Diffusion』の研究主体は、CompVis という大学の研究グループで、そこに Stability AI 社と Runway 社が出資しています。2 社がファイルを公開しているせいで公開元が違います。1 系統なら 1.5 を使えばよいです。

以降の URL で出てくる学習モデルには、拡張子が「.ckpt」のものと「.safetensors」のものとがあります。「.ckpt」はチェックポイントファイル、「.safetensors」は「.ckpt」を改善した形式のファイルです。「.safetensors」は安全性が高まり、高速な処理が可能になっています。2 つが同じ場所で配布されている時は、「.safetensors」の方をダウンロードして使えばよいです。

以下に、1.4 と 1.5 の学習モデルの入手可能場所を示しておきます。

1.4 の学習モデルは以下で入手可能です。ファイルは「sd-v1-4.ckpt」です。ファイルサイズは 4.27GB です。

CompVis/stable-diffusion-v-1-4-original at main
https://huggingface.co/CompVis/stable-diffusion-v-1-4-original/tree/main

1.5 の学習モデルは以下で入手可能です。ファイルは「v1-5-pruned-emaonly.safetensors」です。こちらも 4.27GB あります。

runwayml/stable-diffusion-v1-5 at main
https://huggingface.co/runwayml/stable-diffusion-v1-5/tree/main

2.0 は、1 系統の知見をもとに、新しく作られた学習モデルです。生成画像の精細さが増して、画像サイズも大きくなりました。その分、VRAM を多く利用するので、非力なグラフィックボードでは厳しいです。また 2.0 では、画像生成 AI が苦手な「手」などがきれいに出やすくなっています。そして、様々なアスペクト比で破綻なく画像を生成できます。実写風の人体や、ワイドな景色などを作る際には優秀な結果を出せます。

本稿執筆時点では 2.1 が最新です。2.1 の学習モデルは、以下で入手可能です。2.1 では、画像の 1 辺が 512 ピクセルが基準となっているものと、768 ピクセルが基準となっているものがあります。後者の方が、より多く VRAM を使います。VRAM 4GB 環境なら、512 ピクセル版を使った方がよいです。

本書の執筆時点で、『Web UI』推奨のモデルの説明と各リンクは以下になります。かつては、別途設定が必要でしたが、現在はファイルを配置するだけで動作することを確認しています（「v2-1_768-ema-pruned-fp16.safetensors」で確認済み）。

Features • AUTOMATIC1111/stable-diffusion-webui Wiki
https://github.com/AUTOMATIC1111/stable-diffusion-webui/wiki/Features#stable-diffusion-20

768 (2.0)

768-v-ema.safetensors • stabilityai/stable-diffusion-2 at main
https://huggingface.co/stabilityai/stable-diffusion-2/blob/main/768-v-ema.safetensors

768 (2.1)

webui/stable-diffusion-2-1 at main
https://huggingface.co/webui/stable-diffusion-2-1/tree/main

512 (2.0)

512-base-ema.safetensors • stabilityai/stable-diffusion-2-base at main
https://huggingface.co/stabilityai/stable-diffusion-2-base/blob/main/512-base-ema.safetensors

以下、余談です。『Stable Diffusion』の 1.X 系統では、誰かの画風をそのまま真似る行為が批判されました。2.0 は、こうした批判を避けるために制限がかけられました。公開後に制限に苦情が出て、若干ゆるめたのが 2.1 です。こうした経緯がありますので、筆者の中ではリアルで精細な画像が欲しいなら 2 系統、特定画風の画像を作りたいなら 1 系統がよいのではないかと考えています。ゲームの素材という目的なら、1 系統の方がよい結果が出る可能性もあります。また 1 系統の方が VRAM をあまり要求しないので、低スペックのグラフィックボードでも安定して動くという利点もあります。

Section 1.9 学習モデルの追加入手2

　学習モデル（.ckpt や .safetensors 形式のファイル）は、本家以外でも作成・配布されています。2 次元キャラクターを学習したものなど特定の用途に特化して学習したものが多数ネットで公開されています。ゲーム用の素材を作る場合には、こうした学習モデルを使い分けるとよいです。

　以下に、本書で利用する学習モデルを挙げておきます。『AI Novelist/TrinArt』サービスで利用されていたものと同じモデルが公開されたものです。このモデルは、アニメ系キャラ（2 次元キャラ）に強いです。ファイル名は「derrida_final.ckpt」です。

naclbit/trinart_derrida_characters_v2_stable_diffusion at main
https://huggingface.co/naclbit/trinart_derrida_characters_v2_stable_diffusion/tree/main

　他にも、アニメ系キャラに強い学習モデルは多数あります。各所で新しいデータが活発に作られています。こうしたモデルを利用する際の注意点も書いておきます。2 次元系の学習モデルは、無断転載サイトの『Danbooru』を学習元としてよく使っています。これはタグの数が非常に多く、画像と単語の対応を取りやすいためです。非常に有用ですが、無断転載サイトを使用していることで問題視する人も多いです。

　学習モデルについては、「Stable Diffusion モデル」で検索すると、リンクをまとめたページが多数見つかります。こうしたサイトも参考にしてください。また、キャラクター以外の画像（背景や品物）を作るのは、本家の学習モデルの方が上手くいきます。

Section

1.10　VAE の追加

　これは特に必須ではありません。「VAE」は「Variational Auto-Encoder」の略で、「画像←→潜在変数（内部的なパラメータ）」の変換をおこなう部分です。この部分を差し替えることで画質を上げることができます。出力画像の目や文字などが潰れにくくなる「VAE」が公開されています。

stabilityai/sd-vae-ft-ema・Hugging Face
https://huggingface.co/stabilityai/sd-vae-ft-ema

　上記にある「VAE」は、「train steps」の数値が大きいほど精度が高いです。導入するなら「ft-MSE」を入手して使うとよいでしょう。入手した「VAE」は、以下のフォルダーに配置します。

〈インストール先〉/models/vae/

　そして『Web UI』の「Settings」タブの左列「Stable Diffusion」をクリックして、「SD VAE」で、配置した「VAE」を選びます。設定を変更していない場合は「Automatic」になっています。選択したら「Apply Settings」ボタンをクリックします。設定を変更した際は、必要に応じて「Reload UI」ボタンも押してください。

Settings > Stable Diffusion > SD VAE

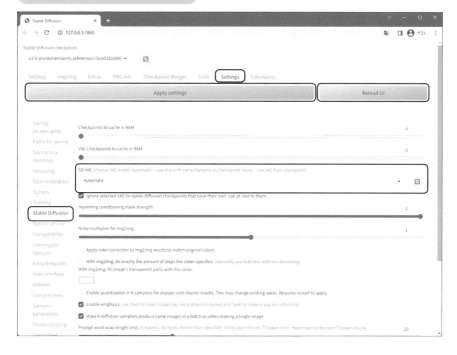

1.11 アップデートの方法

『Web UI』をアップデートしたい時は、インストール先のフォルダーでコマンド プロンプトを開き、以下のコマンドを実行します。必要なファイルがダウンロードされます。学習モデルや生成画像などはそのままです。消えたりはしません。

 console

```
git pull
```

　この方法でアップデートした際は、そのまま正常に動くとは限りません。何らかの理由でエラーが起きる可能性もあります。ハードディスクに余裕がある場合は、安定版と最新版を分けて、別のフォルダーにインストールした方がよいです。その際は、学習モデルなどは再ダウンロードする必要はないので、コピーして利用してください。

第

2

章

オンラインでの環境構築

**パソコンの性能が足りない場合は、
オンラインで『Web UI』を
使うという手段があります。**

本章では「Web UIのオンラインでの使用」「実行と操作の
方法」を扱います。『Google Colab』を利用した『Web
UI』の使い方を説明していきます。

Web UI の
オンラインでの使用

　第1章では、ローカルでの『Web UI』の環境構築を扱いました。この方法は、使用しているマシンに VRAM が 4GB 以上搭載されていることが条件となります。そうでないのならば使えないのでしょうか。そんなことはありません。その場合は、クラウド上での実行環境を利用して『Web UI』を利用することができます。

　オンラインでの利用は『Google Colab』などのオンラインサービスを使うとよいです。『Web UI』には『Google Colab』や『Paperspace』で使えるものがいくつか用意されています。『Google Colab』では、過去に無料枠の範囲内で『Web UI』を実行することができました。しかし、2023年4月に規約が変更になり無料枠での『Web UI』の利用が禁止になりました。利用の際は有料版を使うとよいでしょう。『Google Colab』の有料版は1ヶ月あたり1000円ほどなので、高額なグラフィックボードを買うよりは安いです。こうした環境は刻々と変化します。

　以下に『Web UI』をオンラインで使えるリンクをまとめたページの URL を掲載しておきます。『Google Colab』以外のオンラインサービスもまとまっています。仮に『Google Colab』で『Web UI』が全面的に禁止になっても、乗り換える先はいくつかあるでしょう。

Online Services・AUTOMATIC1111/stable-diffusion-webui Wiki
https://github.com/AUTOMATIC1111/stable-diffusion-webui/wiki/Online-Services

Section
2.2　Google Colab での利用

　前述のリンクのとおり『Web UI』を『Google Colab』で利用できる環境はいくつかあります。本原稿執筆時点で以下の5種類のものが掲載されています。

- maintained by TheLastBen
- maintained by camenduru
- maintained by ddPn08
- maintained by Akaibu
- Colab, original by me, outdated.

　最後のものは「時代遅れ（outdated）」と表記されており、メンテナンスがされていないようなので、上の4つが推奨のものだと判断できます。ここでは、この中から一番上に掲載されている『maintained by TheLastBen』を選んで実行します。

fast_stable_diffusion_AUTOMATIC1111.ipynb - Colaboratory
https://colab.research.google.com/github/TheLastBen/fast-stable-diffusion/blob/main/fast_stable_
diffusion_AUTOMATIC1111.ipynb

　リンクをクリックして『Google Colab』のページを開きます。

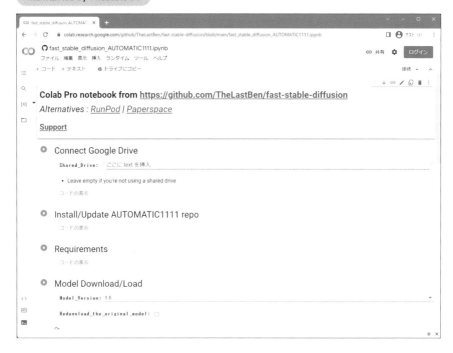

ここで少しだけ、用語の説明をします。

ノートブックとセル

『Google Colab』内のプログラムのファイルのことです。この中にセルと呼ばれる項目を追加していき、プログラムを作成します。

実行について

『Google Colab』のセルの左端は「実行ボタン」(右向き三角形のボタン)が表示されています。実行ボタンを押すと、ボタンを囲う丸がぐるぐると回ります。以降の説明で「実行」と書いてある場合はこのボタンを押します。

実行ボタン

> ▶ Model Download/Load

　実行をおこなう時は、少しだけ注意が必要です。他のセルを選択している時に実行ボタンを押すと、一度目のクリックでセルの選択がおこなわれ、二度目のクリックで実行がおこなわれます。実行したつもりで実行されていないことがありますので、きちんと実行されているか目視で確かめてください。

パスについて

　『Google Colab』で現在利用しているファイルは、『Google Colab』の左端にあるフォルダー アイコンをクリックして、ファイル ツリーを開けば確認できます。

ファイル ツリー

　展開したファイル ツリーのパスを得たい時は、ファイルやフォルダーを右クリックして、メニューから「パスをコピー」を選択します。ファイルをアップロードしたい時は、同じようにメニューから「アップロード」を選択します。このファイル ツリーの更新にはタイムラグがあります。何かファイルをアップロードした時は、数秒から数十秒してから表示されるので注意してください。更新されない場合は、ファイル ツリーを右クリックして「更新」を選択してください。

Section

2.3 ランタイムのタイプを変更

『maintained by TheLastBen』を開いたら、まずは GPU を利用できるようにします。画面上部メニューの「ランタイム」から「ランタイムのタイプを変更」を選択します。「ノートブックの設定」ダイアログが開きますので、「ハードウェア アクセラレータ」を「GPU」にして「保存」をクリックします。

ランタイムのタイプを変更

GPU を選択

Section
2.4 Web UI の実行

『maintained by TheLastBen』を開き、GPU の利用ができるようになったら作業を始めます。以下の操作は、バージョンアップにより頻繁に変わります。必要に応じて読み換えてください。

ノートブックを直接実行するのではなく自分のアカウントにコピーして利用する場合は、メニューの直下にある「ドライブにコピー」をクリックして、そちらで作業をします。バージョンアップによる操作方法の変更や、突然の削除を防げます。コピーせず、そのまま実行することもできます。

ドライブにコピー

それでは各セルを実行していきます。

Install/Update AUTOMATIC1111 repo

「Install/Update AUTOMATIC1111 repo」を実行します。8秒ほどで終わります。

Requirements

「Requirements」を実行します。18秒ほどで終わります。

Model Download/Load

「Model Download/Load」の設定を必要ならおこないます。これはどの学習モデルをダウンロードしたり読み込んだりするかです。

「Model_Version」はデフォルトの「1.5」のままにします。選択肢は「1.5」「v1.5 Inpainting」「v2.1-512px」「v2.1-768px」があります。あるいは「Path_to_MODEL」にパスを書きます。『Google Drive』にファイルを配置しておき、そのパスを指定するとよいでしょう。もしくは「MODEL_LINK」に URL を書きます。その際は「safetensors」のチェックボックス、「Use_temp_storage」(一時ストレージを使うか)のチェックボックスを必要に応じて変更します。

Model Download/Load

「Model Download/Load」を実行します。1分ほどで終わります。

ControlNet

「ControlNet」(画像をもとにポーズを指示できる拡張ツール)を使う場合は実行します。ここでは無視します。

Start Stable-Diffusionの設定

「Start Stable-Diffusion」の設定を、必要ならおこないます。

「Use_localtunnel」で『localtunnel』(ローカルトンネル)を使うかを設定します。その場合は「User」と「Password」の入力欄に設定をおこないます。

localtunnel/localtunnel: expose yourself
https://github.com/localtunnel/localtunnel

この設定をおこなうことで、『Gradio』インターフェースに認証情報を追加します。『Gradio』は、機械学習モデルのデモをおこなう Web アプリケーションを作る『Python』のライブラリーです。設定しない場合は、誰でもアクセス可能な URL でア

クセスすることになります。

Gradio
https://gradio.app/

ここでは設定を変更せず、「Use_localtunnel」をオフのままにします。

Start Stable-Diffusionの実行

「Start Stable-Diffusion」を実行します。終わったという合図が出ないので注意してください。1分ぐらいで「Running on public URL: https:// 〜 .gradio.live」といった行が出て「Connected」の表示が出ます。このセルは、『Web UI』を使っている間ずっと実行中になります。

「https:// 〜 .gradio.live」のリンクをクリックすると、別ウィンドウで『Web UI』が表示されます。場合によっては、しばらく待ちますが、速い場合はすぐに表示されます。

呪文を入力して「Generate」ボタンを押してください。画像が生成されます。

画像の生成

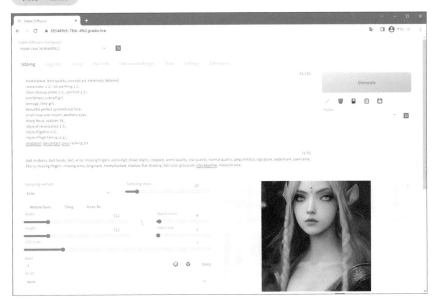

Section

2.5 ファイル ツリーの確認

ここまでできた段階で、『Google Colab』側でファイル ツリーを開いてみてください。様々なファイルがダウンロードされて展開されているのが分かります。

ファイル ツリー

このツリーで右クリックするとメニューが開き、ファイルのアップロードもできます。ファイルの構成は同じため、全ての作業をローカルと同じように実行することができます。以降の説明では、ローカルの『Web UI』を元におこないますが、ファイルの配置はオンライン版でも同じようにすれば問題ありません。

第

3

章

基礎知識

『Stable Diffusion』にある
数多くの設定の中から、
必須のものを把握しましょう。

本章では「Stable Diffusionについて」「Web
UIの各設定項目の解説」「設定のTIPS」を扱い
ます。「txt2img」を中心に、各設定項目に
どういった意味があり、どういった結果に繋が
るのかを書いていきます。ここでは『Stable
Diffusion』を道具として扱う上で、知っておく
べき知識をまとめています。

　非常にざっくりと言うと、テキストを画像に変更するモデルです。「Diffusion＝拡散」ということで、拡散モデルというものを使っています。学習の過程では、画像に徐々にノイズを載せていき、ノイズだらけの状態にします。そして生成の過程では、ランダムなノイズ画像からノイズを取り除いていき、きれいな画像を作ります。

　生成時のランダムなノイズ画像には「元の画像」は存在しません。学習した情報をもとに「元の画像」と思われるものを生成します。よくある勘違いですが、学習した画像を継ぎ接ぎしてコラージュのように画像を作っているわけではありません。

　『Stable Diffusion』では、このノイズからの元画像の復元処理に、テキストをベクトル化したものを関連づけています。たとえば「cat」という単語に、「猫らしい」という方向と大きさがあります。また、学習したそれぞれの単語に、そうした情報があります。このテキストのベクトルを手掛かりに、ランダムなノイズ画像から「元の画像」と思われるものを作り出します。

　『Stable Diffusion』は、こうした仕組みで動いています。また、こうした前提から、いくつかの特性が分かります。

●単語と画像の対応は、学習したデータにより決まる。
●学習モデル（単語と画像の関連付け）を換えると、同じ入力文字列でも違う画像が生成される。
●ランダムのシード（初期のノイズ画像）を変えると、同じ入力文字列でも違う画像が生成される。
●何段階かの逆拡散過程（ノイズを除去する作業）を経て、画像を精細化する。逆拡散過程を増やすと時間はかかるが精細になる。

　こうした特性を理解していると『Stable Diffusion』は扱いやすいです。それでは実際に『Stable Diffusion』を利用していきましょう。

Web UI の設定と
画像生成

『Web UI』上で設定できるパラメータと、生成画像への影響を見ていきます。

Web UI

Stable Diffusion checkpoint

Stable Diffusion checkpoint

Stable Diffusion checkpoint
v1-5-pruned-emaonly.safetensors [6ce0161689]   ∨

『Web UI』の先頭にある項目です。学習モデルを切り替えます。以下のフォルダーに配置した学習モデル（.ckpt や .safetensors 形式のファイル）を選べます。切り替えには時間がかかりますので、同じ学習モデルを使った作業を集中しておこなった方がよいです。

 〈インストール先〉/models/Stable-diffusion/

新たな学習モデルを配置したあと、右横に付いているリロードボタンを押すとドロップダウンリストが更新されます。

タブ

タブ

txt2img	img2img	Extras	PNG Info	Checkpoint Merger	Train	Settings	Extensions

いくつかのタブが並んでいます。基本的に使うのは「txt2img」「img2img」の 2 つです。このタブは「Extensions」（拡張機能）を追加すると増えることがあります。

「txt2img」タブは、「Prompt」入力欄に入力した文字列から画像を生成します。

「img2img」タブは、読み込んだ画像と「Prompt」入力欄に入力した文字列から、新しい画像を生成します。また「img2img」では「Inpaint」機能を利用して、画像の一部だけを書き換えることができます。「img2img」を使えば、写真や 3D モデルの画像を読み込み、その画像に沿った画像を生成させられます。また「txt2img」で生成した画像の一部を修正してクオリティを上げることもできます。こうした使い方は、のちほど詳しく解説します。

Section

3.3　txt2img

txt2img

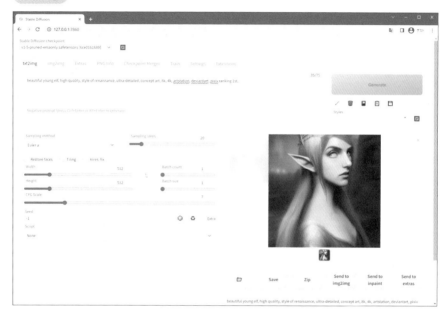

　「txt2img」は『Web UI』で最もよく利用するタブです。ここでは、生成や保存、各種設定について説明します。

Generateボタン

Generate ボタン

Generate

　画像生成を開始します。生成には時間がかかります。クリックすると進行バーが表示されて、完了すると進行バーが消えます。

Prompt

Prompt

35/75
beautiful young elf, high quality, style of renaissance, ultra-detailed, concept art, 8k, 4k, artstation, deviantart, pixiv ranking 1st,

　入力文字列です。入力文字列は、俗に「呪文」と呼ばれます。入力した文字列からベクトルを得て画像を生成します。複数の単語を書いてフレーズを作ったり、複数のフレーズをカンマ区切りで書いて合成したりできます。こちらについては第4章で詳しく解説します。

　本書では「Prompt」は以下の形で表記します。

prompt

Negative prompt

Negative prompt

Negative prompt (press Ctrl+Enter or Alt+Enter to generate)

　入力文字列その 2 です。「Prompt」が正の方向のベクトルを設定するなら、「Negative prompt」は負の方向のベクトルを設定します。たとえば「Prompt」に「cat」と入力すると、cat と思われる画像を「生成する」力が働きます。対して「Negative prompt」に「cat」と入力すると、cat と思われる画像を「生成しない」力が働きます。こうした「Prompt」と「Negative prompt」のベクトルの合成結果が、最終的な出力画像になります。

　本書では「Negative prompt」は以下の形で表記します。

 *Negative prompt*

negative prompt

Sampling method

Sampling method

Sampling method
Euler a   ∨

　『Stable Diffusion』では、サンプラーを使って、逆拡散過程のステップ数を大幅に減らして高速化しています。このサンプラーには種類があり、それぞれ異なる方法で過程を短縮しています。高速に結果が出るものもあれば低速のものもあります。それぞれ過程を省いているので出力される画像が変わります。速度だけでなく、どういった画像を得たいかによって「Sampling method」を選ぶ必要があります。

　現時点でのデフォルトは「Euler a」です。末尾に「a」が付いている「Sampling

method」は、ステップごとに絵が大きく変わります。ランダム性を高めたい場合には末尾が「a」の「Sampling method」を選ぶとよいです。「Euler」のように末尾に「a」が付いていないものは、ステップ数を増やすと絵が緻密化します。より精細な画像を生成したい場合には、末尾が「a」でない「Sampling method」を選ぶとよいです。

　以下の URL に「Sampling method」の例が掲載されています。基本的には「Euler a」か「Euler」でよいです。

Sampling method selection
https://github.com/AUTOMATIC1111/stable-diffusion-webui/wiki/Features#sampling-method-selection

Euler a, Euler, LMS, Heun, DPM2, DPM2 a, DPM++ 2S a, DPM++ 2M, DPM++ SDE, DPM fast, DPM adaptive, LMS Karras, DPM2 Karras, DPM2 a Karras, DPM++ 2S a Karras, DPM++ 2M Karras, DPM++ SDE Karras, DDIM, PLMS

Sampling steps

何ステップ実行して画像を生成するかです。デフォルトでは「20」です。バーの最大値は「150」です。このステップ数を極端に小さくすると、ノイズが十分に除去されていない画像が出力されます。逆にステップ数を増やすと時間がかかります。

　基本的には「20」のままでよいです。写真のような精細な画像ではなく粗い画像を得たいなら、ステップ数「16」ぐらいでもよいです。この章のあとの方に、ステップ数ごとのサンプルを掲載します。

Width, Height

Width, Height

　生成する画像の横幅と高さです。1 系統の学習モデルでは、512 × 512 で学習しているため、生成も 512 × 512 にするとスムーズです。1 系統では、縦横比を極端に変えたり、サイズを大きくしたりすると絵が破綻することが多いです。この問題は、2 系統では改善されています。2 系統の「768」と名前が付いた学習モデルは 768 × 768 で学習しています。こちらを使う場合は、生成も 768 × 768 に合わせるとよいです。

　「Width」「Height」の値を大きくすると、使用する VRAM が増えて、生成が完了するまでの時間が長くなります。また低 VRAM 環境ではエラー発生の原因になります。そのため、なるべく大きくしない方がよいです。

　筆者が推奨する方法は、短辺が 512 になる設定で画像を生成したあと、画像拡大に特化した AI ツールを使い画像を拡大することです。実際の画像生成では、大量の画像を生成して目視で採用画像を選びます。大量に生成するので生成時間は短い方がよいです。そして小さい画像で生成したあと別のツールで拡大するのがよいです。

　画像拡大は何を使ってもよいのですが、筆者は以下のものをよく使っています。利用には GitHub アカウントでのログインが必要です。

 nightmareai/real-esrgan - Run with an API on Replicate
https://replicate.com/nightmareai/real-esrgan

Restore faces

Restore faces

☐ Restore faces

顔の質を上げるチェックボックスです。写真のような画像を生成する場合に向いています。イラスト風やアニメ風の画像を作る場合は、逆に画像が崩れます。ゲーム用の画像を作る場合は、チェックしない方がよいです。

背景の模様などに使う「繰り返し画像」を生成するためのチェックボックスです。壁紙的な画像を作る場合にはチェックを入れます。

ハイレゾ化です。画像を生成したあと、その画像を img2img で高解像度にします（拡大します）。「Upscaler」（アルゴリズム）が選べるようになっており、書き込みが増えるなど出力画像が変化します。画像を大きくしすぎようとすると VRAM 不足でエラーが出ます。

筆者は、大量に画像を生成したあと拡大していたので、この機能は使いませんでした。きれいに拡大できないことも多いです。

一度の実行で生成する枚数です。1枚ずつ順に、この数まで生成します。

画像生成時に注意しなければならない点は、同じ「Prompt」でも、「Seed」（乱数の初期値）によって、生成される画像が大きく違う点です。そのため、入力した呪文が自分が考えていたような結果を出すかどうかは、1枚生成しただけでは判断できません。複数枚出力して、想定した画像に近い物が出力された時点で、初めて呪文が有効だと分かります。

筆者は、以下のような手順で「Batch count」の数を変化させて使っています。

① 呪文を「Prompt」に入力する。

② 「Batch count」を「4」にして実行する。想定したものから遠い場合は1に戻り、呪文を改良する。

③ 想定した画像が出力できると判断した場合は、「Batch count」を「16」〜「64」に設定して実行する。

④ 出力された画像の中で、採用できるものがあれば採用する。細部の修正が必要だと判断した場合は、出力画像を元画像にして「img2img」で画像を改良する。

2 の時点で「Batch count」を「4」にしているのには理由があります。25%の確率で想定した画像に近いものが出る場合は、生成数を増やせば当たりの画像を得られる可能性が高いです。また、4枚程度なら短い時間で生成できて、呪文の改良を短いサイクルでできます。

Batch size

Batch size

Batch size	1

同時に生成する画像の枚数です。「Batch count」は順番に生成しましたが「Batch size」は同時に生成します。この値を増やすと、一度に生成する画像が増えますが、その分 VRAM の使用量が増えます。よほど潤沢な VRAM 環境でない限り、この数を増やすのではなく「Batch count」の数を増やします。

CFG Scale

CFG Scale

CFG Scale	7

　「CFG」は「Classifier-free Guidance」の略です。元々「Classifier Guidance」という手法があり、こちらは別途用意した分類器を用いてテキストから画像を生成します。この「Classifier Guidance」に対して「別途用意しない」という意味で「Classifier-free Guidance」という言葉があります。「CFG」では、拡散モデルと分類器を同時に学習します。この分類器の影響を強くするほど、入力した文字列に沿った画像が生成されます。

　「CFG Scale」の値は、大きいほど入力文字列に沿った画像が生成されます。その代わり生成画像の多様性はなくなり、似通った画像ばかりになります。逆に「CFG Scale」の値が小さいと、多様な画像が生成されますが、入力文字列からは想定しづらい画像が混ざります。いずれにしても極端に大きかったり小さかったりすると出力画像は破綻します。

　デフォルトの値は「7」です。スライダーの最小値は「1」、最大値は「30」です。ゲーム用の素材を生成する場合は、呪文から想起される典型的な画像を得たいことが多いです。そのため「7」より大きな「10」や「12」で生成することもあります。求める画像が得られないと感じた時は、この数値を大きくしてみると良好な結果が得られることがあります。

Seed

Seed

Seed			
-1	🎲	♻	Extra

　『Stable Diffusion』では、ランダムな数値をもとに多様な画像を生成します。この乱数のシード値をここで設定します。シード値は、計算で求めるランダムな値の「種」になる値のことです。

デフォルトのように「-1」が設定されている場合は、ランダムに値を作り、その値をシード値として『Stable Diffusion』に渡します。「Batch count」で複数画像を生成する場合は、2枚目からは「1ずつ大きくした値」をシード値にして画像を生成します。基本的には、同じ呪文と設定とシード値なら、同じ画像が出力されます。

入力欄の右横にはボタンが2つあります。サイコロマークをクリックすると「-1」の値が入力欄に入ります。リサイクルマークをクリックすると、選択している出力画像のシード値が入ります。同じ構図で呪文を変えたい時に有効です。

Script

Script

Script
None ⌄

Script

✓ None
Prompt matrix
Prompts from file or textbox
X/Y/Z plot
controlnet m2m
| ▾

いろいろな呪文の組み合わせや、設定のバリエーションを試したい時に、表形式でまとめて生成してくれる機能です。その分、時間がかかるので、おまけ機能と思った方がよいです。

「Prompt matrix」では「|」で区切った複数の呪文の組み合わせを表にしてくれます。「X/Y plot」では、「Prompt」「Sampler」「Steps」など設定の組み合わせを表にしてくれます。強力なグラフィックボードを使っているなら試してみるとよいでしょう。

出力画像

出力画像

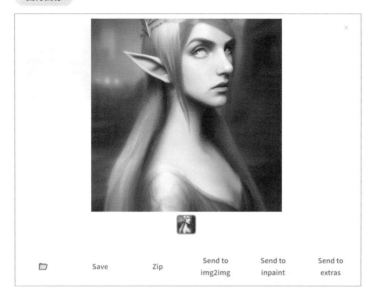

生成した画像は、以下のフォルダーに入っています。

　〈インストール先〉/outputs/

　この下にさらにフォルダーがあり、出力内容によって分類されています。個々の画像の出力先を知っていると、以前に生成していた画像がやっぱり欲しいとなった時に、簡単に取り出せます。

フォルダー	内容
〈インストール先〉/outputs/txt2img-grids/	txt2img で複数出力した時のまとめ画像
〈インストール先〉/outputs/txt2img-images/	txt2img の個々の画像
〈インストール先〉/outputs/img2img-grids/	img2img で複数出力した時のまとめ画像
〈インストール先〉/outputs/img2img-images/	img2img の個々の画像

「txt2img-grids」「img2img-grids」に出力される画像は以下のようなものです。一度に複数枚出力した際に、まとめ画像が生成されます。

グリッド画像

次に『Web UI』からの画像の保存方法を書きます。

複数枚出力した画像の1つを選択

画像を選択した状態で「Save」ボタンを押すと、その下にリストが開きます。リスト内の「Download」リンクをクリックすると画像を保存できます。

生成した画像をメモ帳などのテキストエディタで開いてみてください。入力した呪文や設定が埋め込まれています。この情報は『Web UI』の「PNG Info」タグを開いて「Source」エリアにドロップすると表示できます。また、この設定を「txt2img」や「img2img」に送ることも可能です。

PNG Info

Section

3.4 img2img

img2img

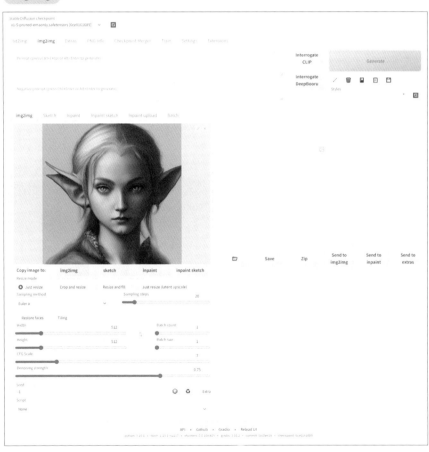

「img2img」のタブでは、画像と呪文をもとに新しい画像を生成できます。「img2img」は、以下のような用途で利用します。

- 写真や画像を元に、違う絵を描かせる。
- 3D モデルなどでキャラクターのポーズなどを作っておき、そのモデルを元に絵を描かせる。
- 「txt2img」で生成した画像を修正する。

　このタブの中には、さらにいくつかのタブがあります。

img2img内のタブ

| img2img | Sketch | Inpaint | Inpaint sketch | Inpaint upload | Batch |

　「img2img」タブでは、画像を読み込んで新しい画像を生成します。

　「Inpaint」タブでは、画像を読み込んだあと、変更しない場所をマスクとして書き込み、それ以外の場所を書き換えて生成できます。「Mask blur」の値を設定することで、書き込んだマスクを「どれだけぼかすか」を指定できます。

Inpaint

　設定の多くは、基本的に「txt2img」と同様です。以下、「img2img」で特徴的な設定について補足します。

Denoising strength

Denoising strength

Denoising strength	0.75

ノイズ除去の強さです。0にすると、元の画像と同じものが生成されます。1に近づけるほど、新しい画像になります。入力画像に沿ったものを作りたい場合は値を下げます。入力画像に似せる必要がない場合は値を上げます。

Interrogate CLIP

Interrogate CLIP ボタン

Interrogate
CLIP

画像を読み込んだあと「Interrogate CLIP」ボタンを押すと、画像の説明を文章で作成してくれます。ただし低 VRAM では使えません。次章の「画像から呪文を得る」のところで詳しく説明します。

Interrogate DeepBooru

Interrogate DeepBooru ボタン

Interrogate
DeepBooru

画像を読み込んだあと「Interrogate DeepBooru」ボタンを押すと、画像の特徴を表す単語のリストをカンマ区切りで作成してくれます。こちらは低 VRAM でも使えます。次章の「画像から呪文を得る」のところで詳しく説明します。

3.5 Settings

Settings

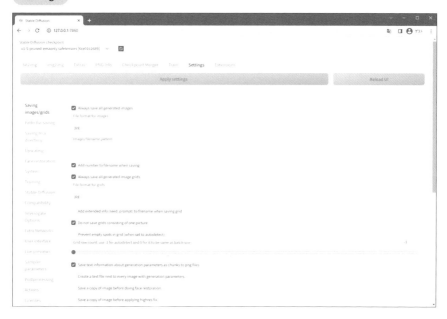

　「Settings」タブでは、動作の設定をおこなえます。全てを説明するのは煩雑なので、押さえておきたいところだけ紹介します。設定を変更した場合は、ページ上部の「Apply settings」を押すと設定が保存されます。「Reload UI」ボタンで、現在のUIに反映できます。

Saving images/grids

Saving images/grids

Saving images/grids	☑ Always save all generated images
	File format for images
Paths for saving	
	jpg
Saving to a directory	Images filename pattern
Upscaling	
Face restoration	☑ Add number to filename when saving
System	☑ Always save all generated image grids
Training	File format for grids
Stable Diffusion	
	jpg
Compatibility	

「File format for images」「File format for grids」で「〈インストール先〉/outputs」に保存される画像の形式を指定できます。デフォルトでは「png」ですが、大量の画像を生成するなら「jpg」に変更しておいた方がよいです。すぐに数 GB になってしまいますので。

また、手動で消すのが面倒な場合は、「Always save all generated images」「Always save all generated image grids」のチェックを外しておくのも手です。

3.6 ステップ数による 出力画像の違いの例

ステップ数（Sampling steps）による出力画像の違いの例を示します。呪文は以下です。

 Prompt

beautiful young elf, high quality, style of renaissance, ultra-detailed, concept art, 8k, 4k, artstation, deviantart, pixiv ranking 1st,

学習モデルは 1.5、「Sampling method」は「Euler」です。「Seed」は「0」で固定しています。

ステップ数 1 は、もやのようなものしか見えない状態です。ステップ数 3 では、何となく人の顔のようなものが見えてきます。ステップ数 4 では、一気に顔が現れました。ステップ数 5 では顔が変わります。

ステップ数1	ステップ数3	ステップ数4	ステップ数5

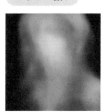   

　6、7 は変化が少なかったのですが、8 で再び大きく顔が変わりました。11 では再び大きく変化します。16 前後で質感が大きく変わりました。ステップ数 20 がデフォルトのステップ数です。ステップ数 20 での画像は、基本的には 16 の延長です。

ステップ数8　　ステップ数11　　ステップ数16　　ステップ数20

　ステップ数 25 になると雰囲気が変わりました。ステップ数 40 ぐらいまで進めると顔のバランスが整います。ステップ数 50 ぐらいまで進めると体のバランスが整います。最後はステップ数 150、スライダーの最大値です。50 との違いはあまりありません。細部のクオリティーがアップしている程度です。

ステップ数25　　ステップ数40　　ステップ数50　　ステップ数150

　実際には、ステップ数 150 までおこなうことは、ほぼないと思います。高精細にしたい場合は 50 程度まで上げておけば十分です。また、通常は 20 ぐらいで問題ないことも分かります。

3.7 呪文や設定の試行錯誤

実際に素材を作る時は、呪文や設定の値を細かく変えながら、求める画像が出るまで出力を繰り返します。以下、『Little Land War SRPG』での実例を示します。

「土の精霊使い」の画像を作った時のバリエーションを掲載します。まずは、最終的に選んだ画像です。

最終的に選んだ画像

次に、試行錯誤の過程で作られたバリエーションの一部を示します。実際には、1つのキャラクターで数十枚から数百枚画像を出力して、呪文とパラメーターを調整しています。

試行錯誤1　試行錯誤2　試行錯誤3　試行錯誤4

もう1人、副主人公の「ミミ」の画像を作った時のバリエーションも掲載します。まずは、最終的に選んだ画像です。

最終的に選んだ画像

次に、試行錯誤の過程で作られたバリエーションの一部を示します。クオリティーがよいものを生成するのも大切ですが、ゲームのキャラクターの性格に合った画像を選別することが重要です。

　キャラクターだけでなく、アイテム生成のバリエーションも示します。以下は盾の画像を生成した時のものです。様々なパターンを出力してゲームの雰囲気に合うものを選別します。大量のリテイクを出しながら画像を選べるのは、AIによる画像生成の利点です。

第4章

呪文理論

画像生成AIのPromptは魔法の呪文。
『Stable Diffusion』に指示を出す文字列を
使いこなしましょう。

本章では「PromptやNegative Promptの分類」「Promptの種類ごとの実例」
「Negative Promptの種類ごとの実例」を扱います。呪文の単語が、どのように
分類できるかに始まり、それらの分類の中に、どういった単語があるのかを解説
していきます。そして最後に、それらの単語を利用して実際に呪文を組み立てて
画像を生成します。

4.1 学習モデルの選定

『Stable Diffusion』でテキストから画像を生成するには、学習モデルにどんな単語が学習されているかが重要です。どれだけ頑張って呪文を作っても、学習モデルに含まれていない単語だと出力結果をコントロールできません。また、学習モデルを変更すれば組み立てる呪文の内容が変わります。

重要なのは、学習モデルを選定することと、そのモデルの学習元データを想像して単語を選ぶことです。学習モデルには、本家の学習モデルのように写真的な画像に強いものや、本家以外に見られる2次元的な画像に強いものなどがあります。

背景画像やアイテム画像を生成するには、本家の学習モデルがよいです。汎用的なデータが入っており、入力した呪文に沿った画像を生成できます。アニメやマンガ風の2次元キャラクター画像を生成したい場合は、本家の学習モデルでは難易度が高いです。2次元キャラクターに特化した学習モデルを利用した方が、質の高い画像が生成されます。

学習モデルについては第1章を確認してください。

Section

4.2　呪文のルール

　次は呪文のルールを見ていきます。「単語とフレーズ」「注意と強調」「呪文の編集」と順番に説明していきます。『Web UI』を利用して『Stable Diffusion』に画像生成させる際に、どういった呪文の書き方をすればよいのかをまずは把握します。

単語とフレーズ

　呪文は基本的に英語で入力します。日本語の単語が利用できる学習モデルであれば、この限りではありません。文章ではなく単語の羅列で入力して、各単語は半角スペースで区切ります。これらは一塊のフレーズになります。以下、例です。呪文と出力画像を掲載します。

Prompt

gray cat

gray cat

フレーズは複数入力できます。フレーズの区切れ目はカンマです。複数のフレーズがある場合、前にあるフレーズの方が優先順位が高いです。以下、カンマ区切りの例です。呪文と出力画像を掲載します。

gray cat, glass garden

　『Web UI』では、改行を使って見やすく呪文を書けます。

gray cat,
glass garden

注意と強調

　特定の単語やフレーズを強調する記法もあります。これは「Attention/emphasis」と呼ばれます。この記法を利用することで、単語の中で特に重要なものを強調したり、あとの方にあるフレーズの優先順位を上げたりすることができます。

　以下に、いくつかの書き方を示します。「(単語:数値)」の書き方が見やすくてよいです。

記法	意味
a (word)	1.1 倍強調
a ((word))	1.1 × 1.1 で、1.21 倍強調
a [word]	1.1 倍抑制（1/1.1 に減らす）
a (word:1.5)	1.5 倍強調
a (word:0.25)	0.25 倍強調（1/4 に減らす）
a \(word\)	「(」「)」のエスケープ（呪文として使用可能にする）

　呪文を作る場合に重要なのは、単語自体の強さと、前後の優先順位、強調による重み付けです。単語自体の強さとは、学習モデル内でその単語が明確な画像として記録されているかどうかです。たとえば「cat」と入力して、猫の画像がそのまま出てくれば、その単語は明確な画像として記録されています。しかし、何か分からない画像が出てくるのならば、この単語は学習されていないか弱い力しか持っていません。そうした単語を使って上手く画像を生成することは難しいです。その場合は、別の単語で呪文を作るか、学習モデルを変えるかしなければなりません。

呪文の編集

　フレーズの内容を、生成途中のステップで切り替えることもできます。これは「Prompt editing」と呼ばれます。前半は「人間」として生成しておいて、後半は「猫」として生成するといったことが可能です。

以下に「Prompt editing」の書き方を示します。「ステップ」のところに整数が入っている場合はステップ数（1〜「Sampling steps」の値まで）です。小数点数（0〜1.0）が入っている場合は比率を表します。「Sampling steps」に小数点数を掛けた値がステップ数になります。「Sampling steps」が20で、ステップが0.4の場合は「8」になります。

記法	意味
[呪文 A: 呪文 B: ステップ]	ステップ数までは呪文 A、その後は呪文 B を有効にする。
[呪文 A:: ステップ]	ステップ数までは呪文 A、その後はなし。
[呪文 B: ステップ]	ステップ数まではなし、その後は呪文 B を有効にする。

　「Sampling steps」が20で、呪文の中に「[man:cat:0.4]」とある場合は、この部分はステップ数1〜8までは「man」、9〜20までは「cat」として実行されます。

　以下は実際に出力した例です。呪文と出力結果を掲載します。

 Prompt

beautiful [girl:cat:0.1] face, extremely detailed portrait,

Prompt editing

Section
4.3　呪文の分類

　呪文には、正のベクトルを作る「Prompt」と、負のベクトルを作る「Negative prompt」があります。「Prompt」で画像の方向性を作り、そこから「Negative prompt」で出したくない部分を削ります。

　「Prompt」に入力する単語やフレーズは、大きくわけて以下の種類があります。

●描画対象　　　●画質向上　　　●画風と画家　　　●視点と光　　　●細部操作

　上記の単語やフレーズは、複数の種類にまたがっているものもあります。そのため以降の説明で重複して出てくることがあります。

　「Negative prompt」に入力する単語やフレーズは、大きくわけて、以下の種類があります。

●低画質除外　　　　　　●苦手除外　　　　　　●不要物除外

　以下、筆者がよく使っている「Negative prompt」です。固定 Negative として使っています。

 Negative prompt

bad anatomy, bad hands, text, error, missing fingers, extra digit, fewer digits, cropped, worst quality, low quality, normal quality, jpeg artifacts, signature, watermark, username, blurry, missing arms, long neck, humpbacked, shadow, flat shading, flat color, grayscale, black&white, monochrome, frame,

　以下、それぞれの種類について解説していきます。

Section

4.4 Prompt - 描画対象

「描画対象」は、何を描きたいかです。猫を描きたいのか、人間の戦士を描きたいのか、エルフの魔法使いを描きたいのか。そうした「描画する対象」が描画対象です。「man fighter」のように1フレーズで書いた方がよい場合もありますし、「old man, full armor costume」のように特徴のフレーズを羅列した方がよい場合もあります。描画対象は学習モデル次第です。上手く生成されない場合は、フレーズを変えて生成のアプローチを変えた方がよいです。

また、女の子を描く場合は「kawaii girl」のように「kawaii」を付けるとよいです。1人だけ出したい場合は「one」「solo」などと指定した方がよいです。各単語の前に「beautiful」「detailing」といった形容詞を付けると画質が向上します。

以下、シード値を同じにして2種類の呪文で出力してみます。違いが分かりやすいように「Sampling method」は「Euler」（構図の変化が少なく精細化する）にします。

 Prompt

girl portrait

 Prompt

beautiful detailing kawaii one girl portrait

以下は出力した画像です。1枚目とほぼ同じ構図の2枚目が生成されています。

girl portrait

beautiful detailing kawaii one girl portrait

Section

4.5 Prompt - 画質向上

　学習モデルは、学習元の画像と単語の組み合わせによってベクトルを持っています。また、本家の学習モデルは、Web 上にある画像から学習されています。そのため「特定の Web サイトの名前」や「高画質の画像によく付けられているタグ」を呪文に含めると、それだけで画質が向上します。

　以下に、有名な画質向上のフレーズを掲載します。まずは、特定の Web サイト系のフレーズです。

artstation,
deviantart,
trending artstation,
trending on deviantart,
pixiv ranking 1st,

　それでは実際に画像を出力して、フレーズの影響を見ていきましょう。シード値固定、「Sampling method」は「Euler」でいくつかのバリエーションを出力します。まずは基本の 1 枚を出力します。次に画質向上のフレーズを加えます。

beautiful girl selfie

Prompt

beautiful girl selfie, artstation

Prompt

beautiful girl selfie, deviantart

Prompt

beautiful girl selfie, pixiv ranking 1st

| 基本の1枚 | artstation | deviantart | pixiv ranking 1st |

「artstation」では、大きな変化があるのが分かります。「deviantart」はそれほど変化がありませんでした。「pixiv ranking 1st」では、一気にマンガやアニメ風に変わりました。

次は、画像によく付けられるタグ系です。これらを加えると、質の高い画像の特徴が反映されます。

Prompt

masterpiece,
best quality,
concept art,

extremely detailed,
ultra-detailed,
brilliant photo,
beautiful composition,
sharp focus,
4k,
8k,
ray tracing,
cinematic lighting,
cinematic postprocessing,
realism,

　先ほどの「pixiv ranking 1st」の呪文に、このタグを全て付けて出力してみます。一気に画質が上がりました。

画質向上のタグを複数追加

他にも、AAA クラスの有名なゲームの名前や、それらを作っている会社名、『Unity』や『Unreal Engine』といったゲームエンジンの名前を書くと、Web に大量に精細な画像があるために画質が向上します。ゲームの画像として想定するゲームがある場合は、その名前とそれらに近いゲームの名前を書く方法があります。そうすれば、似ているけれど少し違う雰囲気の画像を作ることができます。

また、キャラクターの顔の質を高めるフレーズもあります。これらも活用してください。

 Prompt

kawaii cute girl,
cute eye,
small nose,
small mouth,
beautiful face,
brilliant face,
perfect symmetrical face,
fine detailed face,
aesthetic eyes,

4.6 Prompt - 画風と画家

　画風は、美術様式の名前を書く方法と、画家などの作者名を書く方法があります。作者名を書く方法は物議を醸したため、2系統以降ではあまり有効に働かない可能性があります。これらは「直接書く」方法と、「style of ○○」「○○ style」の形式で書く方法があります。たとえば背景を精細にするために、新海誠（Makoto Shinkai）の名前を使う方法は、よく見られます。

　以下に、簡単な美術様式の例と、Wikipedia の「西洋美術史」の URL を挙げます。

 Prompt

gothic, renaissance, baroque, rococo, chinoiserie, romanticism, realism, victorian painting, japonisme, impressionism, art nouveau, cubism, art deco, surrealism, pop art, japanese anime

 西洋美術史 - Wikipedia
https://ja.wikipedia.org/wiki/%E8%A5%BF%E6%B4%8B%E7%BE%8E%E8%A1%93%E5%8F%B2

　バロック風の猫と、ジャポニズム風の猫の出力例を示します。以下はそれぞれの呪文と出力結果です。

 Prompt

cat,
style of baroque

Prompt

cat,
style of japonisme

cat, style of baroque

cat, style of japonisme

　特定の画風を描かせるための作者名やキーワードのリストは、ネットに多くまとまっています。「stable diffusion artist list」などのキーワードで Web 検索するとよいです。

　キーワードとサンプル画像がまとまった Web ページをいくつか掲載しておきます。こうしたリストは、学習モデルが違うと有効に働かないこともあります。本家の場合はバージョンを、その他の学習モデルの場合は、その学習モデルに沿ったリストを見つけることが大切です。

 list of artists for SD v1.4
https://rentry.org/artists_sd-v1-4

 Stable Diffusion Artist list - Style studies
https://stablediffusion.fr/artists

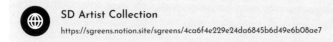

SD Artist Collection
https://sgreens.notion.site/sgreens/4ca6f4e229e24da6845b6d49e6b08ae7

　アニメ風の画像を生成する際は、アニメ会社の名前や、萌え系大作ゲームの名前、ゲーム会社の名前を指定すると良好な結果が出ます。

 Prompt

cygames, shinkai makoto, kyoto animation, a-1 pictures, p.a. works, atelier-ryza, granblue fantasy, genshin impact, azur lane, love live!, final fantasy, arknights

　また、水彩や油彩、デジタルペインティングなどの画材や技法を指定するのも有効な方法です。以下に、Wikipedia の「美術の技法」のページと、いくつかの画材や技法を掲載します。

Category: 美術の技法 - Wikipedia
https://ja.wikipedia.org/wiki/Category:%E7%BE%8E%E8%A1%93%E3%81%AE%E6%8A%80%E6%B3%95

 Prompt

digital painting, oil painting, watercolor, watercolor painting, ink watercolor, acrylic painting, crayon painting, pen art, ball-point pen art, drawing, pencil sketch, pencil drawing, ukiyo-e painting, etching, pointillism, pixel art, stained glass, woodcut, bold line painting,

　以下に、いくつかの技法で猫を描いた例を示します。順番に、エッチング（cat, etching）、点描技法（cat, pointillism）、ステンドグラス（cat, stained glass）、木版画（cat, woodcut）で描いたものです。同じ描画対象でも、出力画像が大きく違うのが分かります。

cat, etching

cat, pointillism

cat, stained glass

cat, woodcut

4.7 Prompt - 視点と光

　カメラで被写体を撮影するように、どのようなアングルで、どのような光で撮影するかを指定します。カメラのレンズ名や、シャッタースピードを指定する方法もあります。また屋外の場合は、時間帯や季節を表す単語を入れることで生成内容をコントロールできます。

　視点は、ゲームの背景画像を作る時に重要になります。また人物をフレームに入れる時も重要になります。以下に、遠景から近景の距離を表すフレーズを掲載します。一部、同じ距離を表しているものもあります。

 Prompt

far long shot, long shot, very wide shot, wide shot, medium shot, west shot, bust shot, close up shot, close up front shot, close-up shot, closeup, head shot, face closeup photo,

角度についての視点を加えるには、以下のようなフレーズがあります。

 Prompt

below view, overhead view, near view, bird view, selfie shot angle, wide shot angle, shot from a birds eye camera angle,

人物の画像の場合は、以下のようなフレーズを入れるのも手です。

portrait, snap shot,

風景画の場合は、以下のフレーズを入れるとよいです。

landscape,

風景画の質を向上させたい場合は、以下のようなフレーズを入れるとよいです。

upper sunlight, golden sun, upper sunlight and golden sun,

画面構成のよい画像を得たい場合は、以下のフレーズを加えます。

beautiful composition,

鮮明(精細)な画像を得たい場合は、以下のフレーズを加えます。

sharp focus,

色を派手にしたい場合は、以下のフレーズを加えます。

bright color contrast,

ライティングなど、写真としての質を向上させたい場合は、以下のフレーズを加えます。

soft lighting, cinematic lighting, golden hour lighting, strong rim light, volumetric top lighting, atmospheric lighting, cinematic postprocessing top light, brilliant photo, best shot,

適当な背景を入れてほしい場合のフレーズです。

beautiful background,

Section
4.8　Prompt - 細部操作

これまでの呪文は、基本的にクオリティを上げるものが多かったです。この項では、描画対象の細部をコントロールする方法を示します。実は、これがもっとも難しいです。

筆者の場合は、素体となる大きな部分を先に指示して、その細部をあとのフレーズで書くことが多いです。以下、簡単な例です。

 Prompt

```
masterpiece, best quality, concept art, extremely detailed,
one kawaii cute girl,
beautiful perfect symmetrical face,
fantastic long white dress with many frills,
blue long wavy hair,
bust shot, portrait,
upper sunlight and golden sun, sharp focus,
8k, ray tracing, cinematic lighting, cinematic postprocessing,
```

呪文が長すぎて分かりにくいので、以下に描画対象と細部操作だけを抜き出して示します。

 Prompt

```
one kawaii cute girl,
beautiful perfect symmetrical face,
fantastic long white dress with many frills,
blue long wavy hair,
```

以下は出力したものです。

　大まかな指示を与えたあと細部のベクトルを調整します。上手く反映しない場合は、指示の順番を変えたり重みを調整したりします。以下は描画対象と細部操作の差し換え部分です。

 Prompt

one kawaii cute girl,
beautiful perfect symmetrical face,
(fantastic long white dress with many frills: 1.5),
(blue long wavy hair:1.7),

以下は出力したものです。特徴がかなり強調されているのが分かります。

細部の指示

さて、この細部操作ですが、棒や糸のように細い物は失敗します。具体的に書くと、弓矢などはぐちゃぐちゃになる可能性が高いです。人体なら指が苦手です。こうしたものは「描かせない」のがよいです。しかし、そうしたものがほしい時もあります。たとえば弓兵を描かせたい時です。そうした場合は構図を工夫して、細いものがなるべく画面に入らないように指示を出すとよいです。

また、単純な単語で上手く生成してくれない場合は、特徴を羅列して生成する必要があります。たとえば「ゴブリン」で望む結果が出ない場合は「緑色の小柄な鷲鼻で長耳の人」のように指示します。ゴブリンが上手く生成できなかったのは、筆者が実際に遭遇したケースです。その時には、以下のような指示を出しました。全体を書くと煩雑なので、「Prompt」と「Negative prompt」の描画対象と細部操作のフレーズのみを書きます。

 Prompt

one small man with green face, skinny small body, very long eagle nose, very long ears, green bald head, wrinkled old face and body, in ragged armor, green skin,

Negative prompt

yellow face, brown face,

以下、簡単なコツを書いておきます。まず、1人だけ出したい場合は「solo」や「one」などを指定しておくとよいです。2次元の女性キャラクターを可愛くしたい時は、「kawaii」「beautiful」などを指定するとよいです。また、「young」「child」「teenage」などを指定して年齢を下げると、2次元キャラクターとして良好な結果になることがあります。体型も「skiny」など細めに設定すると上手くいくことがあります。生成者によっては、胸を大きくするなどの指示を入れる場合もあるでしょう。

キャラクターの細部を指示する単語は、ネット上にまとめページが多くあります。「AI呪文自動生成」などでWeb検索すると、ドロップリストで呪文を生成できるサイトが見つかります。これらを使い、呪文の大枠を作り、そこから改造していくと楽です。

AI イラスト呪文生成器 (AI 画像・NovelAI・nijijourney・stable diffusion)
https://programming-school-advance.com/ai-image-generation

　また、ネットでも有名になった『元素法典』という呪文集も参考になります。元の文書は中国語ですが、何人かの方が日本語に翻訳しています。「元素法典 日本語訳」で Web 検索してください。日本語で読むことができます。こうした生成器や文書は『Novel AI』向けのものが多いです。そのまま利用できないものもありますが、フレーズは大いに参考になります。

　AI 画像の投稿サイトで呪文を確認するのも参考になります。AI 用の投稿サイトでは呪文も一緒に表示されることが多いです。これらの呪文を確認することで、どんな呪文を利用すれば求める画像になるのかが分かります。

PixAI
https://pixai.art/

chichi-pui（ちちぷい）| AI イラスト専用の投稿サイト
https://www.chichi-pui.com/

AI ピクターズ | AI イラスト投稿 SNS サイト
https://www.aipictors.com/

Section 4.9 Negative Prompt - 低画質除外

　以降は「Negative prompt」に設定する単語やフレーズです。以下は、低画質画像を除外する目的の呪文です。

 Negative prompt

worst quality, low quality, normal quality, jpeg artifacts, blurry, long neck, humpba
cked, flat shading, flat color, grayscale, black&white, monochrome,

　「worst quality, low quality, normal quality, jpeg artifacts」は評価が低い画像によく付いているタグです。「blurry」は写真がぼやけてしまっているものです。「long neck」は首が長すぎるイラスト、「humpbacked」は「せむしの」という意味で、人体がねじれてしまっているバランスがおかしい絵に付けられているタグです。「flat shading, flat color」は色が単調なもの、「grayscale, black&white, monochrome」は、白黒の画像です。

Section 4.10 Negative Prompt - 苦手除外

　AIが苦手な描画物を除外する目的の呪文です。主に人体の描画でおかしくなる部分を除外します。手についての用語が多く、指の欠損や多指などもよく指定されます。肉体的な差異や障害に用いられる単語を「Negative prompt」に設定することには後ろめたさがあります。美しい画像とは何かということを考えさせられます。

 *Negative prompt*

bad anatomy, bad hands, missing fingers, extra digit, fewer digits, cropped, missing arms,

　「bad anatomy」は解剖学的におかしな画像です。「bad hands, missing fingers, extra digit, fewer digits」は手や指がおかしくなっているように見える画像です。「cropped」「missing arms」は欠損を表します。

> おかしくなった手

Section
4.11 Negative Prompt
- 不要物除外

　不要物を除外する目的の呪文です。ウォーターマーク（透かし）やサインなどの文字列を指定します。モデルが学習した画像には、そうしたものが含まれます。そのため、ふとした拍子にそれらが生成画像に出てきます。こうした不要物を抑制するためのフレーズです。

 *Negative prompt*

text, error, signature, watermark, username, shadow, frame,

　「text, error, signature, watermark, username」は文字の混入を防ぐためのものです。「shadow」は不要な影を指します。「frame」は不要な枠です。以下に、不要なものが現れた例を示します。文字や枠が生成画像に入っているのが分かります。

不要物の混入

4.12 画像から呪文を得る

　『Web UI』で生成した画像は、「PNG Info」タブを利用すれば呪文や設定を表示できることは既に説明しました。それ以外に、ふつうの写真や画像から、『Stable Diffusion』用のタグを生成する方法があります。「img2img」タブにある「Interrogate CLIP」と「Interrogate DeepBooru」の2つの機能です。

「Interrogate CLIP」と「Interrogate DeepBooru」

　「Interrogate CLIP」は文章として画像の説明を作成する機能です。「Interrogate DeepBooru」はカンマ区切りの単語の羅列を作成する機能です。どちらも、初回実行時はファイルのダウンロードがあって、しばらく待たされます。

2種類の「Interrogate」（問い質す）機能ですが、結論から言うと「Interrogate CLIP」は、VRAM 4GB環境ではエラーが出て利用できません。「Interrogate DeepBooru」は「--lowvram」「--medvram」いずれでも成功します。『Stable Diffusion』でそのまま利用しやすいタグ形式で出力されるのは「Interrogate DeepBooru」なので、こちらのみを利用すればよいです。

それぞれを実行すると、「Prompt」の入力欄（下の画像の枠の位置）に結果が出力されます。

実行結果の出力場所

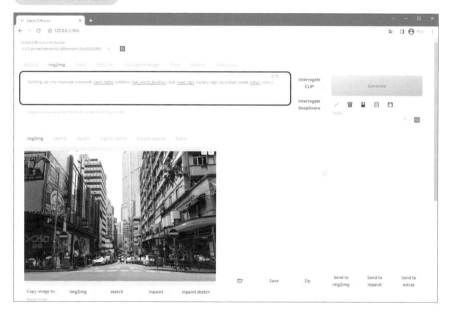

それでは以下に実例を示します。画像は無料写真素材サイト「ぱくたそ」でダウンロードした「香港の町並みの写真」です。

香港の町並みの写真

香港の街並みの写真素材 - ぱくたそ
https://www.pakutaso.com/20181049302post-18263.html

　こちらの各「Interrogate」の実行結果を以下に示します。

Interrogate CLIP

　「--lowvram」で実行すると、無反応のあと 20 秒ぐらいでコンソールに表示が開始されて、1 分ぐらいでエラーが出ます。エラーは出ますが、結果は途中まで出力されます。

Prompt

a city street with tall buildings and a few people walking on the sidewalk and cars parked on the street<error>

『Google Colab』で実行すると、13秒で結果が出ます。こちらは正常に実行できます。出力結果は以下のとおりです。

Prompt

a city street with tall buildings and a few people walking on the sidewalk and cars parked on the street, city background, international typographic style, a detailed matte painting, Cui Bai

Interrogate DeepBooru

「--lowvram」で実行すると17秒で結果が出ます。「--medvram」で実行すると11秒で結果が出ます。『Google Colab』で実行すると5秒で結果が出ます。出力結果は以下のとおりです。

Prompt

building, car, city, cityscape, crosswalk, neon_lights, outdoors, real_world_locati on, road, road_sign, scenery, sign, skyscraper, street, tokyo_¥(city¥)

同じ呪文でtxt2img

「Interrogate DeepBooru」で出力された呪文を入力文字にして「txt2img」で画像を生成してみます。画像のアスペクト比を揃えるために、横幅768、高さ512ピクセルにします。以下に出力した画像を示します。似たような雰囲気の画像が生成されるのが分かります。この機能を利用して、画像から呪文を得て、似ているけれどまったく違う画像を生成することができます。

生成画像1

生成画像2

生成画像3

生成画像4

Section
4.13 呪文の例

それでは実際に呪文を組み立ててみましょう。本稿は、ゲームの素材画像を生成することを目的としています。そのため、背景画像とキャラクター画像を生成してみましょう。

背景画像

まずは、背景として使う画像です。「Width」を「896」、「Height」を「512」にして実行します。この縦横比は、横1920、縦1080の画像とほぼ同じです。生成した画像を、画像拡大AIなどにかけて解像度を上げれば、1920 × 1080 サイズの画面を得やすいです。以下は呪文です。「Prompt」と「Negative prompt」を示します。

👍 *Prompt*

bright color contrast,
beautiful detailing landscape painting,
masterpiece, best quality, concept art, extremely detailed,
digital painting, oil painting, (watercolor painting:1.2),
ray tracing, beautiful composition,
(wide river:1.1),
green grassland,
blue sky of summer, daytime,
upper sunlight and bright golden sun,
style of renaissance and gothic,
(style of high fantasy:1.2),
far long shot, below view, brilliant photo,
sharp focus, atmospheric lighting, realism,
8k, ray tracing, cinematic lighting, cinematic postprocessing,

text, error, worst quality, low quality, normal quality, jpeg artifacts, signature, wate
rmark, username, blurry, shadow, flat shading, flat color, grayscale, black&white,
monochrome, frame, human, body, boy, girl, man, woman, mob,

以下は出力した画像です。同じ呪文でも「Seed」の値が違うと、異なる画像が生成
されます。

背景画像1

背景画像2

背景画像3

キャラクター画像

次はキャラクター画像です。少女戦士を生成します。ここでは、「Sampling
method」は「Euler」に、「CFG Scale」は「10」にします。以下に「Prompt」と「Negative
prompt」を示します。

👍 *Prompt*

(watercolor painting:1.3), (oil painting:1.2),
(style of gothic:1.3),
(style of renaissance:1.2),
(style of high fantasy:1.1),
(bust shot:1.5), (portrait:1.5),
bright color contrast,
masterpiece, best quality, concept art, extremely detailed,
(fantasy full armor costume:1.1),
one kawaii cute girl,

beautiful perfect symmetrical face,
small nose and mouth, aesthetic eyes,
long wavy hair,
teenage, little girl,
sharp focus, realism, 8k,
(style of granblue fantasy:0.7),
(style of genshin impact:0.3),
(artstation:0.3), (deviantart:0.3), (pixiv ranking 1st:0.3),

 *Negative prompt*

bad anatomy, bad hands, text, error, missing fingers, extra digit, fewer digits, crop
ped, worst quality, low quality, normal quality, jpeg artifacts, signature, watermark,
username, blurry, missing fingers, missing arms, long neck, humpbacked, shadow,
flat shading, flat color, grayscale, black&white, monochrome,

　出力結果を示します。32枚生成して、良好なものを3枚選びました。キャラクター
は「Seed」の値による当たり外れが激しいので、狙った画像がなかなかできません。

キャラクター画像1

キャラクター画像2

キャラクター画像3

Section 4.14 実際のゲームでの画風の作り込み

　ゲームでは、ある程度統一感を持ったキャラクターや素材を作らなければなりません。ここでは『Little Land War SRPG』でキャラクターを作り込んでいった実例を示します。数百枚の過程があるのですが、特徴的な時点のものを取り出して並べます。実際には、行きつ戻りつしながら、ああでもない、こうでもないと画像を大量に生成しました。

試行錯誤過程1

試行錯誤過程2

試行錯誤過程3

試行錯誤過程4

試行錯誤過程5

試行錯誤過程6

第5章

キャラクターの生成

**登場キャラの画像が大量に欲しい。
『Stable Diffusion』でゲーム用の
キャラ画像を生成しましょう。**

本章では「キャラクター画像の生成」を扱います。ゲーム
用の顔画像の生成や、ポーズを付ける方法、細部の
指定方法について触れます。

Section
5.1 キャラクター画像の生成について

　ゲームのキャラクター画像の使い方には、いくつか種類があります。1 つは RPG や SRPG の顔画像のように固定画像を使い回す方法です。もう 1 つはノベルゲームのように、同一のキャラクターに様々な演技をさせる方法です。

　画像生成 AI は基本的に、ランダムなノイズをもとに画像を作っていく道具なので、異なる種類の画像を生成するのに向いています。そのため、キャラクターの顔画像を何種類も作る前者の方法は得意です。逆に、同一キャラクターの画像バリエーションを作る後者の方法は苦手です。

　後者の方法をおこなうには特定のキャラクターの特徴を学習させて、それに沿った画像を出力させる必要があります。学習をおこなうには最低でも 6GB の VRAM が必要です（学習済みモデルの利用自体は 4GB でもおこなえます）。残念ながら筆者の環境は VRAM が 4GB なので、実行してもしばらくするとメモリー不足でエラーが出ます。こちらは第 7 章で『Google Colab』を利用して学習する方法を示します。

　ポーズについては 2023 年 2 月の半ばに出た『ControlNet』が有用です。デッサン人形の画像などをもとに、そのポーズの画像を出力できます。こちらは VRAM 4GB 環境でも使えます。こちらは第 6 章で解説します。

Section
5.2 キャラクターの顔画像を 何種類も作る

　ゲーム用に顔のアップ画像を多数作るのは、AIが苦手な「手」を含めなくてよいので有効な方法です。この場合には、まず標準となるキャラクターを作ります。その際に絵柄をコントロールするフレーズを多く入れます。また視点も入れて固定視点の画像を作るようにします。そしてキャラクターの部分だけフレーズを差し替えていきます。

　それでは実際に画像を作成してみましょう。2次元絵のキャラクターを作るので、学習モデルは「derrida_final.ckpt」を選択します。以下の呪文の「one fantasy kawaii cute girl, teenage, little girl,」の部分が描画対象です。その他の部分は絵柄や視点を統一するための呪文です。こうした呪文の単語や順番、重み付けは、選択する学習モデルによって変わります。

👍 *Prompt*

masterpiece, best quality, concept art, extremely detailed,
(watercolor:1.2), (oil painting:1.1),
(face closeup photo:1.5), (portrait:1.5),
one fantasy kawaii cute girl, teenage, little girl,
beautiful perfect symmetrical face, small nose and mouth, aesthetic eyes,
sharp focus, realism, 8k,
(style of granblue fantasy:1.1), (style of genshin impact:0.9),
(style of renaissance:0.7), (style of gothic:0.6), (style of high fantasy:0.5),
artstation, deviantart, pixiv ranking 1st,

bad anatomy, bad hands, text, error, missing fingers, extra digit, fewer digits, crop
ped, worst quality, low quality, normal quality, jpeg artifacts, signature, watermark,
username, blurry, missing fingers, missing arms, long neck, humpbacked, shadow,
flat shading, flat color, grayscale, black&white, monochrome,

以下は出力した画像です。似た絵柄と構図の画像が生成されています。

fantasy girl 1   fantasy girl 2

fantasy girl 3   fantasy girl 4

各フレーズの順番や、重み付けによって、出力される画像の絵柄は変わります。4枚ずつ出力して、ある程度望む絵柄が構築できたら、キャラクターのバリエーションを作っていきます。それでは次に、描画対象を「one middle age muscle man, fantasy fighter, full armor costume,」に換えて画像を生成します。以下は呪文です。

 Prompt

```
masterpiece, best quality, concept art, extremely detailed,
(watercolor:1.2), (oil painting:1.1),
(face closeup photo:1.5), (portrait:1.5),
one middle age muscle man,
fantasy fighter, full armor costume,
beautiful perfect symmetrical face,
small nose and mouth, aesthetic eyes,
sharp focus, realism, 8k,
(style of granblue fantasy:1.1), (style of genshin impact:0.9),
(style of renaissance:0.7), (style of gothic:0.6), (style of high fantasy:0.5),
artstation, deviantart, pixiv ranking 1st,
```

以下は出力した画像です。絵柄と構図は同じままで、描画対象が変わっているのが分かります。

fantasy fighter 1

fantasy fighter 2

fantasy fighter 3

fantasy fighter 4

　モンスターを作る場合も、同様に差し替えていきます。モンスターの場合は、名前を入れても、そのものズバリの姿が出てこないことがあります。その場合は、モンスターの特徴を挙げていき画像を生成します。

　ここでは狼人間を作成してみます。「werewolf, wolf head, beast golden eyes,」の部分が描画対象です。「werewolf」だけでなく、その特徴を呪文として与えています。この時、呪文のフレーズの数は、前の2つと同じにしておいた方がよいです。数が変わると配分比率が変わり、絵柄が崩れることがあります。

👍 *Prompt*

masterpiece, best quality, concept art, extremely detailed,
(watercolor:1.2), (oil painting:1.1),
(face closeup photo:1.5), (portrait:1.5),
werewolf, wolf head, beast golden eyes,
sharp focus, realism, 8k,
(style of granblue fantasy:1.1), (style of genshin impact:0.9),
(style of renaissance:0.7), (style of gothic:0.6), (style of high fantasy:0.5),
artstation, deviantart, pixiv ranking 1st,

　出力した画像です。同じ絵柄と構図で、モンスターの画像も生成できているのが分かります。

werewolf 1

werewolf 2

werewolf 3

werewolf 4

5.3 キャラクターにポーズを付ける

キャラクターにポーズを付ける方法はいくつかあります。いずれの方法でも、呪文のみで指示を出すのは難しいです。

1つ目の方法は、3Dのデッサン人形でポーズを作ったあと、その画像をもとに「img2img」で画像を出力する方法です。この方法はお手軽ですが、精度はそれほど高くありません。

2つ目の方法は、同じように3Dのデッサン人形でポーズを作ったあと、その画像をもとに「ControlNet」を使い、「txt2img」で画像を出力する方法です。この方法は、非常によい精度でポーズを反映してくれますが、拡張機能を追加でインストールする必要があります。また VRAM 4GB 環境では、「webui-user-my.bat」内の設定「--medvram」では動かず、「--lowvram」にしなければなりません。その結果、生成速度がかなり遅くなります。

1つ目の方法で満足のいく結果が出なければ、2つ目の方法を試すのがよいでしょう。「ControlNet」を使う方法は、第6章で解説します。

3Dのデッサン人形を使う

3Dのデッサン人形を使った画像は、様々な方法で作成できます。『CLIP STUDIO PAINT』（クリスタ）を使っている場合には、デッサン人形を配置してポーズを取らせることができます。『Blender』を使えるなら、自前のモデルでポーズを作って利用することもできます。

 イラスト マンガ制作アプリ CLIP STUDIO PAINT（クリスタ）
https://www.clipstudio.net/

CLIP STUDIO PAINT

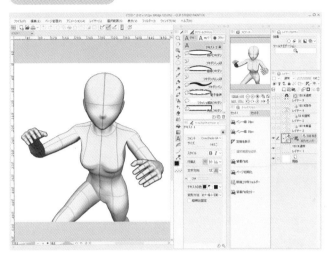

 blender.org - Home of the Blender project - Free and Open 3D Creation Software

https://www.blender.org/

Blender

こうした方法が使えない場合は、何らかの 3D キャラクターを操作できる無料のソフトウェアを使うとよいです。以下に、Web ブラウザーから使えるソフトウェアをいくつか掲載しておきます。

Magic Poser Web
https://webapp.magicposer.com/

Magic Poser Web

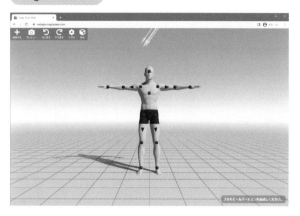

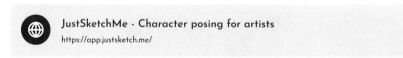

JustSketchMe - Character posing for artists
https://app.justsketch.me/

JustSketchMe

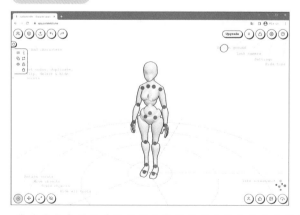

PoseMy.Art

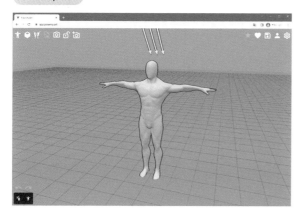

　下絵の画像を作る際は、背景を白一色にすると、出力画像も背景が白一色になりやすいです。背景が必要な場合は、写真や既に作成した景観画像を合成するとよいでしょう。

img2imgで画像を生成

　ここでは、3Dのデッサン人形を下絵にして「img2img」で画像を生成します。「img2img」では、「Denoising strength」が「0」に近いほど元絵に似たものになります。

　まずはゾンビを生成します。なぜゾンビかというと、少々ポーズがおかしくても、ゾンビらしいということで無視できるからです。

　入力画像は、以下のものを利用します。『CLIP STUDIO PAINT』のデッサン人形を着色したものです。最初はグレースケールの画像を利用していたのですが、認識があまりよくなかったので着色しました。

呪文は以下のものを利用します。「CFG Scale」を「7.5」、「Denoising strength」を「0.6」にしています。

 Prompt

masterpiece, best quality, concept art, extremely detailed,
(watercolor:1.2), (oil painting:1.1),
(zombie:1.9),
sharp focus, realism, 8k,
(style of granblue fantasy:1.2), (style of genshin impact:0.3),
(style of high fantasy:1.1), (style of renaissance:0.7), (style of gothic:0.6),
artstation, deviantart, pixiv ranking 1st,

 Negative prompt

bad anatomy, bad hands, text, error, missing fingers, extra digit, fewer digits, crop
ped, worst quality, low quality, normal quality, jpeg artifacts, signature, watermark,
username, blurry, missing fingers, missing arms, long neck, humpbacked, shadow,
flat shading, flat color, grayscale, black&white, monochrome,

以下は出力画像です。入力画像に近いポーズを取っています。ただし上手くいく確率は低く、何十枚か出力して選んでいます。また、ポーズによっては正しく認識して

くれないので、認識されやすいようにポーズを工夫する必要があります。

ゾンビ1　　　　　　　　　　　ゾンビ2

　次は、男の戦士キャラです。入力画像は以下のものを利用します。『CLIP STUDIO PAINT』のデッサン人形を着色したものです。顔と体を分けて色を塗っています。全て肌色にすると、裸の画像が生成されるためです。

入力画像

　呪文は以下のものを利用します。「Negative prompt」は先ほどと同じです。「CFG Scale」は「7.5」、「Denoising strength」は「0.7」で生成します。

masterpiece, best quality, concept art, extremely detailed,
(watercolor:1.2), (oil painting:1.1),
one middle age muscle man,
fantasy fighter, full armor costume,
beautiful perfect symmetrical face,
small nose and mouth, aesthetic eyes,
sharp focus, realism, 8k,
(style of granblue fantasy:1.1), (style of genshin impact:0.9),
(style of renaissance:0.7), (style of gothic:0.6), (style of high fantasy:0.5),
artstation, deviantart, pixiv ranking 1st,

　以下が出力画像です。ポーズの認識率は低いです。数十枚の画像を出力して数枚使えそうな画像が出る程度です。今回は 70 枚ぐらい生成して 5 枚ぐらい使えそうな画像がありました。この方法よりも『ControlNet』を使った方法の方が上手くポーズを付けられます。

戦士 1 戦士 2

Section 5.4 キャラクターに情報を 付け加える

ゲーム用の素材を作る際は、キャラクターの髪の色を指定したり、服の色を指定したりすることが多いです。また、メガネを付けたり、リボンを付けたり、武器を持たせたりすることもあります。その際に、いきなり長いフレーズで書くのも1つの手ですが、上手くいかないケースが多かったです。

筆者が上手くいった方法を書きます。大枠の部分を先に宣言して、細かい部分はあとで書いて重み付けをする方法です。たとえば、キャラクターの概要を宣言したあと、「髪の色は緑」のようにあとで宣言する方式です。この方法は、差分でキャラクターを多数作る場合にも有効です。

以下に呪文を示します。「(green hair:1.4), (green eyes:1.4), (silver iron armor:1.5),」の部分が、細部の指定です。

 Prompt

```
masterpiece, best quality, concept art, extremely detailed,
(watercolor:1.1), (oil painting:0.9),
one middle age muscle man,
(fantasy fighter:1.1), full armor costume,
(green hair:1.4), (green eyes:1.4), (silver iron armor:1.5),
sharp focus, realism, 8k,
(style of granblue fantasy:1.3), (style of renaissance:0.7),
artstation, deviantart, pixiv ranking 1st,
```

bad anatomy, bad hands, text, error, missing fingers, extra digit, fewer digits, crop
ped, worst quality, low quality, normal quality, jpeg artifacts, signature, watermark,
username, blurry, missing fingers, missing arms, long neck, humpbacked, shadow,
flat shading, flat color, grayscale, black&white, monochrome,

以下は生成した例です。

細部の指定1

Section
5.5　画像の続きを書く

　キャラクターを作っていると頭が切れていたりして、もう少し画像を継ぎ足したい時があります。そうした時は、『Web UI』の「Outpainting」という機能を使い、続きを書き足します。以下は、今回書き足す元画像です。

元画像

まずは元画像の「Seed」値や呪文などの設定を確認します。こうした値は、「PNG Info」タブを開いて画像をドロップすることで確認できます。「Send to img2img」ボタンを押すと、設定を「img2img」に送ることができます。

PNG Info

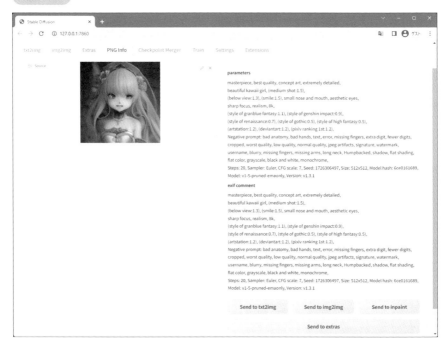

それでは「img2img」の設定をおこないましょう。今回は「CFG Scale」を「7」、「Denoising strength」を「0.8」にしました。ここは、デフォルトの「7」と「0.75」でもよいでしょう。「Sampling method」は「Euler」を選びました。次に「Script」から「Outpainting mk2」を選びます。そうすると入力項目が出てきます。

「Script」から「Outpainting mk2」を選択

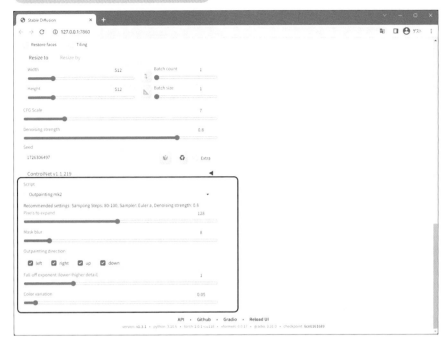

　「Pixels to expand」が拡張するピクセル数です。ここでは「128」と入力しました。「Mask blur」はつなぎ目のぼかし具合です。ここはデフォルトの「8」のままにしました。「Outpainting direction」は拡張する方向です。ここでは上に伸ばしたいので「up」にチェックを入れました。あとはデフォルトのままでよいです。実行すると、下のような画像が得られます。

Section 5.6 実際のゲームでの キャラクターの作成

　以下、『Little Land War SRPG』でキャラクターを作った時のことを書きます。第4章のところで少し書いているのですが、ゴブリンを作るのが大変でした。「goblin」と書くと、ゴブリン1の画像のように、なぜか茶色や黄色のファンキーなキャラクターが出てきて、まったくゴブリンっぽくなくて困りました。

　初期の頃は、「goblin」の単語に加えて、「Prompt」で緑色の肌を指定したり、「Negative Prompt」で黄色や茶色の肌を抑制したりしていました。しかし上手くいかず、「goblin」の単語を抜いて特徴を組み合わせてゴブリン風の画像を生成するようにしました。

　ゴブリン2の画像は、そうした試行錯誤をしていた時のものです。しかし、気を抜くと「armor」という単語に引きずられてマッチョになってしまいます。ゴブリン3の画像は、だいぶ強そうなゴブリンになっています。最終的にはゴブリン4の画像を採用しました。

ゴブリン1

ゴブリン2

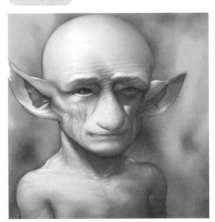

呪文も書いておきます。全体を書くと煩雑なので、Prompt と Negative prompt の重要部分のみを書きます。

 Prompt

one small man with green face, skinny small body, very long eagle nose, very long ears, green bald head, wrinkled old face and body, in ragged armor, green skin,

 *Negative prompt*

yellow face, brown face,

第

6

章

キャラクターにポーズを付ける

シーンに合わせたポーズを取らせる。
『ControlNet』でそうした望みを実現しましょう。

本章では「ControlNetの導入」「ControlNetの利用」「ControlNetの各モデル」を扱います。3Dデッサン人形の画像をもとに、実際にポーズを反映させる方法を、環境構築から順に見ていきます。また、『ControlNet』の各モデルの特徴や、いくつかのモデルで実際に画像生成する様子を示します。

Section
6.1　ControlNet

　2023 年 2 月半ばに登場した『ControlNet』を使えば、正確なポーズのデータを指定して画像を出力できます。『ControlNet』は、条件を追加して拡散モデルを制御するニューラル ネットワークです。

Illyasviel/ControlNet: Let us control diffusion models!
https://github.com/Illyasviel/ControlNet

　注意すべき点としては、この原稿を執筆している時点では、学習モデルは 1.5 をベースにしたもののみが有効です。それ以外の学習モデルではエラーが出ます。これは、そのうち改善されるのではないかと思います。

Section

6.2 ControlNet の導入

『Web UI』で「Extensions」タブを開きます。続いて「Install from URL」タブを開き、「URL for extension's git repository」入力欄に以下の URL を入力します。

https://github.com/Mikubill/sd-webui-controlnet

「Specific branch name」「Local directory name」は空のままでよいです。「Install」ボタンをクリックするとインストールが始まります。2～3分でインストールは完了します。

ControlNet の導入

txt2img	img2img	Extras	PNG Info	Checkpoint Merger	Train	Settings	Extensions

Installed　　Available　　**Install from URL**　　Backup/Restore

URL for extension's git repository

https://github.com/Mikubill/sd-webui-controlnet

Specific branch name

Leave empty for default main branch

Local directory name

Leave empty for auto

Install

『ControlNet』のファイルは、以下にダウンロードされます。サイズは 12.3MB ほどです。

 〈インストール先〉/extensions/sd-webui-controlnet

　ここでいったん『Web UI』を終了します。Web ブラウザーを閉じるだけでなく、コマンド プロンプトも終了します。

　続いて VRAM が 4GB の場合は「webui-user-my.bat」を修正する必要があります。「--medvram」ではメモリーが足らずにエラーが起きます。「webui-user-my.bat」をコピーして「webui-user-my-low.bat」を作ってください。そして、「--medvram」を「--lowvram」に変更します。『ControlNet』を使う際は、こちらを利用してください。

bat

```
set COMMANDLINE_ARGS=--lowvram --xformers
```

拡張機能のアップデート

　拡張機能を更新したい時は、「Extensions」タブの「Installed」タブで、「Check for updates」ボタンを押したあと、「Apply and restart UI」ボタンを押すと更新します。

拡張機能を更新

| txt2img | img2img | Extras | PNG Info | Checkpoint Merger | Train | Settings |

| Installed | Available | Install from URL |

| Apply and restart UI | Check for updates |

Section
6.3 モデルの入手と配置

インストールしただけでは『ControlNet』は使えません。別途、モデルをダウンロードして配置する必要があります。初期の頃は各 5.71GB のファイルでしたが、その後、軽いモデルが登場しました。以下の URL から「control_ 〜 .safetensors」という名前のファイルを全てダウンロードします。1 つあたり 723MB で、8 種類あります。

https://huggingface.co/webui/ControlNet-modules-safetensors/tree/main

- control_canny-fp16.safetensors
- control_depth-fp16.safetensors
- control_hed-fp16.safetensors
- control_mlsd-fp16.safetensors
- control_normal-fp16.safetensors
- control_openpose-fp16.safetensors
- control_scribble-fp16.safetensors
- control_seg-fp16.safetensors

ダウンロードしたファイルは、以下のパスに配置します。

〈インストール先〉/extensions/sd-webui-controlnet/models/

ファイルの配置が終わったら『Web UI』を起動してください。モデルが利用できる状態で『Web UI』が起動します。「txt2img」タブの中に「ControlNet」という項目が増えています（「img2img」タブにも同じように表示されます）。クリックすると設定が開きます。以下、『ControlNet』の使い方を説明します。

ControlNet の項目

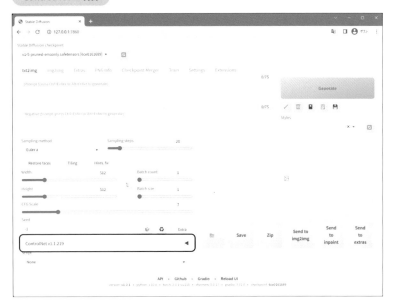

ControlNet の項目を開く

Section

6.4 使用手順

『ControlNet』の使用手順を書きます。

「txt2img」タブを開きます。これまでと同じように「Prompt」や「Negative Prompt」を入力します。また、その他の設定をおこないます。

「ControlNet」をクリックして設定を開きます。「Image」領域に、ポーズの参考にする画像をドロップします。また「Enable」チェックボックスにチェックを入れて『ControlNet』を有効にします。そして「Low VRAM」チェックボックスにチェックを入れて低VRAM環境でも動作するようにします。

ControlNet の操作

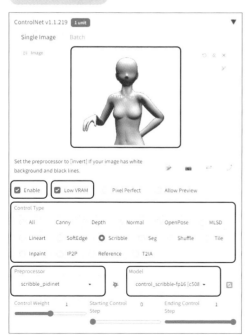

続いて「Control Type」を選択します。そうすると、「Preprocessor」と「Model」の
リストが絞り込まれて、推奨の設定が選択されます。この時「Preprocessor」のリス
トには複数の項目が表示されます。自動で選択された設定以外も選べます。以下は
「Control Type」のリストです。

Canny, Depth, Normal, OpenPose, MLSD, Lineart, SoftEdge, Scribble, Seg, Shuffle,
Tile, Inpaint, IP2P, Reference, T2IA

　「Preprocessor」と「Model」について少し詳しく書きます。「Preprocessor」
と「Model」の2つは対になっています。基本的に同じ名前が入っています。
『ControlNet』では、「Preprocessor」で選んだ形式で「Image」の画像を事前処理し
て中間画像を作ります。そして、この中間画像を元に「Model」で処理をおこない、
「txt2img」の画像生成をコントロールします。

　中間画像は、他の生成画像と同じように出力されます。そして中間画像を保存し
ておけば再利用できます。「Image」に中間画像をドロップして、「Preprocessor」を
「none」にすれば、「Preprocessor」の処理を飛ばして画像を生成できます。

　その他の設定は、基本的には変更する必要はありません。必要と思った時に変更し
てください。

Section
6.5 各 Model の簡単な説明

　以下に、各「Model」の簡単な説明をまとめておきます。これらは『ControlNet』の『GitHub』のページに詳細が書いてあります。筆者が使った印象では「scribble」が使いやすかったです。

 Illyasviel/ControlNet: Let us control diffusion models
https://github.com/Illyasviel/ControlNet

Model	説明
canny （Canny Edge 検出）	入力画像の輪郭線を抽出して、その線に従った画像を生成します。2 次元イラストや、境界のはっきりした 3D 画像に向いています。かなり上手くポーズを拾ってくれます。
depth （深度マップ）	入力画像の深度情報を抽出して、その深度に沿った画像を生成します。カメラで撮影した写真に向いています。奥行きを持ったレイアウトを反映したい時に使えます。
hed （ソフト HED 境界）	入力画像のエッジ検出（ソフトエッジ）をおこない、大雑把な輪郭と形状を抽出します。元の画像に大きく引きずられるために「色だけ変えたい」といった用途に使います。キャラクターのポーズを付ける用途には向いていません。
mlsd （M-LSD 直線検出）	入力画像の直線検出をおこない、直線で構成された画像を抽出します。パースが入った屋内画像から、同じパースの屋内画像を作るといった用途に使います。建物向けです。キャラクターのポーズを付ける用途には向いていません。

normal_map （法線マップ）	入力画像の凸凹を検出して、同じような立体構造を持つ画像を生成します。「depth」より、よい結果が出る傾向にあります。背景は、多くの場合で無視されます。3D のデッサン人形や、マネキンの写真といった画像からポーズを付けるのに向いています。
openpose （人間のポーズ）	入力画像から色付き棒人間の画像を作り、そのポーズに沿った画像を生成します。関節位置をかなり正確に認識してくれます。ただし、最終出力画像は、このポーズに正確に従うわけではありません。あくまで参考程度といった印象です。
scribble （落書き）	落書きをもとに、ポーズを再現してくれます。デッサン人形からでも、かなりよい結果を出せます。適当な線画を描く程度でも、きちんと認識してくれます。
segmentation （セマンティック セグメンテーション）	写真から領域を検出して、その領域に合わせた画像を生成します。写真のレイアウトに合わせて、建物を違うものにするなどの用途に適しています。

Section

6.6 生成例の共通の設定

　このあと、いくつかの「Model」を使った画像生成と出力結果を見ていきます。利用するのは『ControlNet』と 1.5 の学習モデルです。以下、生成に使った呪文です。「Prompt」「Negative prompt」は共通のものを使います。

 Prompt

masterpiece, best quality, concept art, extremely detailed,
(watercolor:1.2), (oil painting:1.1),
one fantasy girl, young little girl, (long wavy hair:1.8), (dress costume:1.9),
beautiful perfect symmetrical face, small nose and mouth, aesthetic eyes,
sharp focus, realism, 8k,
(style of granblue fantasy:1.1), (style of genshin impact:0.9),
(style of renaissance:0.7), (style of gothic:0.6), (style of high fantasy:0.5),
artstation, deviantart, pixiv ranking 1st,

Negative prompt

bad anatomy, bad hands, text, error, missing fingers, extra digit, fewer digits, cropped, worst quality, low quality, normal quality, jpeg artifacts, signature, watermark, username, blurry, missing fingers, missing arms, long neck, humpbacked, shadow, flat shading, flat color, grayscale, black&white, monochrome,

　「(long wavy hair:1.8), (dress costume:1.9)」と強い重みで髪や服を足していますが効果は薄かったです。「Model」によっては、デッサン人形の形に合わせて裸になることが多かったです。また指の生成もよく失敗しました。

Section 6.7 canny の生成例

　「canny」は入力画像から中間画像として線画を作り、その線画に沿った画像を生成します。入力画像には注意が必要です。入力画像にモデル人形の縦線や横線が入っていると、その線を線画に含めてしまうことがあります。その際は出力画像にも線が反映され、体の中央に太い線が入った画像が生成されます。以下に例を示します。

canny 入力画像（線あり）

canny 中間画像（線反映）

canny 出力画像（線反映）

　たとえば『CLIP STUDIO PAINT』では、デッサン人形に縦線や横線が入っています。特に頭から股に掛けて入っている線は、色が異なるために線画に取り込まれやすいです。こうした現象を避けるには、デッサン人形の設定で「環境」の「レンダリング設定」を開き、「テクスチャを使用する」のチェックを外すとよいです。

　また、デッサン人形の色についても書きます。「canny」ではグレースケールの画像できちんとポーズを認識してくれます。後述の「openpose」では人間と判断してくれませんでした。着色する必要がありました。

　「canny」で困るところは、デッサン人形を入力にすると、その頭と体の形を、そのままなぞろうとすることです。髪型は、ヘルメットを脱いだ直後のような形になり、体も裸になったり、体型にぴったりな服になったりします。「Control Weight」を低くするか、最初から服を書き込むなどした方がよいです。

以下、線の入っていないデッサン人形を使って作成した入力画像、中間画像、出力画像です。手が忠実に反映されているのは非常によい点です。出力画像は、数多く出力したうちの1枚です。裸の画像が多く、服を着たものを得るために何度も出力しました。

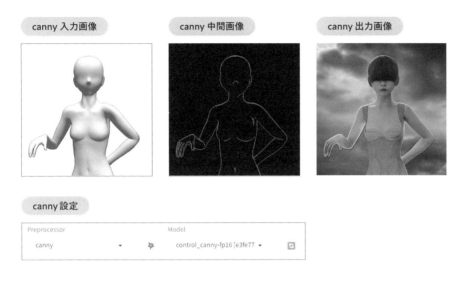

canny 入力画像　　　　　canny 中間画像　　　　　canny 出力画像

canny 設定

Preprocessor			Model	
canny	▾	✦	control_canny-fp16 [e3fe77 ▾	⬚

「canny」では、一度生成した中間画像を入力にして、「Preprocessor」を「none」にすれば、事前処理なしで、そのポーズの画像を生成してくれます。

6.8　depth の生成例

　「depth」は深度マップを作り、画像を生成します。デッサン人形を使い「depth」で画像を生成する際には気を付けることがあります。そのままデッサン人形の画像を使うと、顔が後頭部と認識されて、頭部だけ後ろ向きのホラーな画像が生成されます。これは、デッサン人形には目鼻の凹凸がほとんどないために顔の正面と認識されないためです。

　デッサン人形を使う場合は、目と口の位置を書き込むとよいです。そうすれば、そこに顔の正面があると認識してくれます。以下、目と口の位置を書き込んだデッサン人形を使って作成した、入力画像、中間画像、出力画像です。こちらも「canny」と同様、モデル人形の輪郭に強く引きずられます。

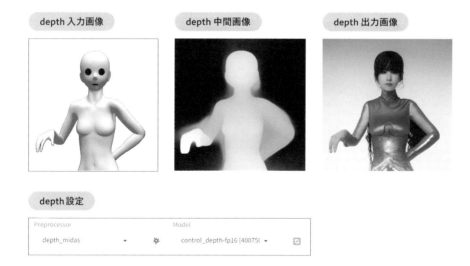

depth 入力画像　　　depth 中間画像　　　depth 出力画像

depth 設定

Preprocessor		Model
depth_midas ▾	✦	control_depth-fp16 [40075(▾

　「depth」では、一度生成した中間画像を入力にして、「Preprocessor」を「none」にすれば、事前処理なしで、そのポーズの画像を生成してくれます。

Section

6.9 openpose の生成例

「openpose」は人間のポーズを認識してくれます。筆者の環境では、入力画像が灰色のデッサン人形では上手くいきませんでした。デッサン人形を肌色に着色すると上手く認識しました。以下、入力画像、中間画像、出力画像です。ポーズはあまり上手く反映されませんでした。特に手がぐちゃぐちゃになりやすかったです。出力画像は、数多く出力したうちの1枚です。

openpose 入力画像

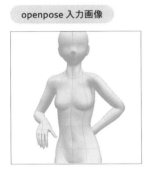

openpose 中間画像

openpose 出力画像

openpose 設定

Preprocessor		Model	
openpose_full	⚡	control_openpose-fp16 [9c ▾	⟳

「openpose」も、一度生成した中間画像を入力にして、「Preprocessor」を「none」にすれば、事前処理なしで、そのポーズの画像を生成してくれます。

6.10 scribble の生成例

「scribble」は落書きをもとに、いい感じに画像を生成します。「scribble」は、「canny」の高精度に、多様性をプラスしたような感じです。かなり優秀な結果が出ます。以下、入力画像、中間画像、出力画像です。大枠は従いながら、呪文の指示に柔軟に従ってくれます。

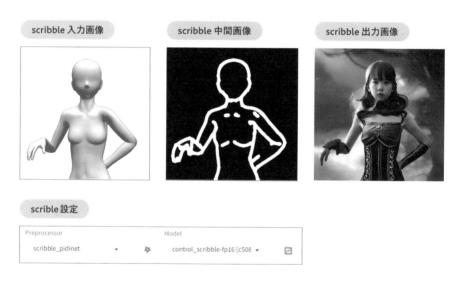

scribble 入力画像　　scribble 中間画像　　scribble 出力画像

scrible 設定

「scribble」も、一度生成した中間画像を入力にして、「Preprocessor」を「none」にすれば、事前処理なしで生成してくれました。

Section
6.11 手書きのラフを元に画像を生成する

　画像エリアの下にある「書類に鉛筆のアイコン」（Open new canvas）ボタンをクリックすると、「Open New Canvas」エリアが現れます。「Create New Canvas」ボタンをクリックすると、画像エリアに直接手書き入力ができるようになります。

Open new canvas ボタン

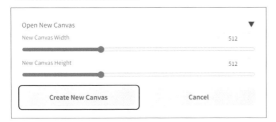

Create New Canvas ボタン

画像エリアに直接手書き入力

手書きのラフを元に画像を生成する場合は「Control Type」を「Scribble」にします。かなり雑な絵でも、うまく読み取ってくれます。以下はこれまでと同じ「Prompt」「Negative prompt」で出力した画像です。

手書き scribble 入力画像

手書き scribble 出力画像

第 **7** 章

キャラクターを
学習させる

同じキャラクターの様々な画像が欲しい。
『LoRA』でそうした望みを実現しましょう。

本章では「キャラクターの学習」を扱います。数枚の絵を元に
キャラクターを学習させて、同じキャラクターの画像を出力
する方法を見ていきます。

7.1 キャラクターの学習

特定のキャラクターを出力するための方式はいくつかあります。本原稿を書いている時点で、もっとも使いやすい追加学習の方式は『LoRA』（Low-rank Adaptation for Fast Text-to-Image Diffusion Fine-tuning）です。

cloneofsimo/lora: Using Low-rank adaptation to quickly fine-tune diffusion models.
https://github.com/cloneofsimo/lora

『LoRA』のファイルを使えば、元の学習モデルに変化を与える数 MB ～百数十 MB のファイルを用意するだけで、出力画像をコントロールできます。学習方式の中には、元の学習モデルと同じファイル サイズ（数 GB）になるものも多いので、この軽さは大きな利点です。

また『LoRA』は学習時間も比較的短く、非力なマシンでも学習をおこなうことができます。さらに複数のファイルを読み込んで、キャラクターを合成するといったことも可能です。『LoRA』のファイルは拡張子「.safetensors」のように、通常の学習モデルと同じファイル形式です。

このように便利な『LoRA』ですが、VRAM 4GB のマシンで使うには注意が必要です。利用することはできますが、学習させることはできません。VRAM 6GB 以上が必要です。本当は 12GB 以上あった方がよいです。いずれにしても、VRAM 4GB のマシンではローカルでは学習できません。ただし『Google Colab』を使えば、ローカルに低 VRAM の環境しかなくても学習可能です。

本章では、まず『Web UI』での『LoRA』の利用方法を書いたあと、『Google Colab』での学習方法を書いていきます。

Section
7.2
Web UI での
LoRA の利用

『Web UI』では、以下のフォルダーに『LoRA』のファイルを配置します。ファイルを配置したあとは、コマンド プロンプトの『Web UI』を閉じて再起動します。

 〈インストール先〉/models/Lora/

次に「Generate」ボタンの近くにある「花札」アイコンのボタンをクリックします。ボタンにマウスオーバーすると「Show extra networks」と出るボタンです。

Show extra networks ボタン

いくつかタブが現れますので「Lora」タブをクリックします。配置した『LoRA』ファイルが出てきます。その中で、利用するものをクリックすると、「Prompt」に「<lora:chr1_epoch100:1>」のようなタグが追加されます。

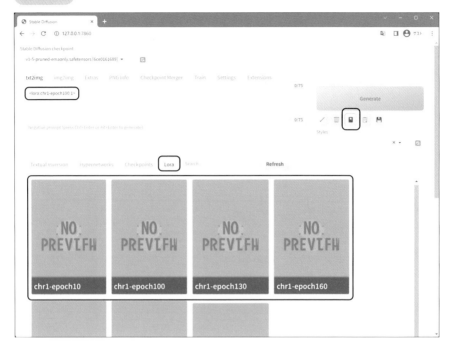

　このタグの「chr1_epoch100」の部分が利用するファイルの名前で、「1」の部分が影響の強さです。学習した画像に引っ張られすぎる場合は「<lora:chr1_epoch100:0.6>」のように弱くするとよいです。

Lora タグ

<lora:chr1_epoch100:1>

ファイル名　　影響の強さ0~1.0

　『LoRA』利用のタグを追加したあと、学習させたフレーズと、その他のフレーズを書いてこれまでと同じように画像を生成します。ここでは「chr1」という独自の単語でキャラクターを学習したとします。その場合は、以下のように書いて画像を生成します。

「chr1 girl」の「chr1」は学習させた新しい単語です。

また、今までのように他のフレーズを追加して使うこともできます。

『Web UI』での『LoRA』の利用は簡単です。実際に出力できるかどうかは、何らかの『LoRA』ファイルを導入して試してみるとよいです。出力だけをおこなうなら、画像生成AI系のサイトで「LoRA」で検索して、何らかのモデルをダウンロードして使ってみるとよいです。配布されているデータには問題のあるものもありますので個人利用の範囲内で実験するのがよいです。

Civitai | Stable Diffusion models, embeddings, hypernetworks and more
https://civitai.com/

たとえば上記のサイトの『LoRA』ファイルのところには「Trigger Words」が書いてあります。「<lora:chr1_epoch100:1>」のようなタグでモデルを読み込んだあと、このトリガー単語を呪文に含めて学習したデータを適用します。

　キャラクターの学習をおこなうには、まずは画像を用意しなければなりません。最低限必要なのは学習用の画像です。また、通常は正則化画像も用意します。正則化画像は、なくてもどうにかなります。後述しますが、特定のキャラを明確に出すには、正則化画像なしの方が上手くいきました。

　また、学習させる概念名を決めておく必要があります。この名前は『Stable Diffusion』で使える単語「以外」にする必要があります。よくある方法は、母音を抜いた子音だけの3文字の組み合わせです。「sakura」という名前のキャラクターなら「skr」と書きます。重要なのは、既に概念がある単語に被らないことです。学習した単語は、画像生成時にはキャラクターを呼び出すのに利用します。

　VRAM 4GB 環境では学習ができませんので、学習には『Google Colab』を利用します。『Google Colab』は、Google のアカウントを持っていれば利用できます。

学習用の画像

　同じキャラクターの異なる画像を複数枚用意します。4〜5枚あれば学習できます。数が多いほど精度はよくなりますが、学習時間がかかるようになります。あまり学習時間が長いと『Google Colab』はタイムアウトします。まずは4〜10枚程度から初めて、実行時間と画像生成結果を見ながら、必要なら数を増やすとよいでしょう。

　今回の例として学習させるキャラクター画像は、『VRoid Studio』で作成しました。3D でキャラクターを作り、画像を出力できるソフトを使えば、多くの種類のアングルの画像を短時間で得ることができます。

VRoid Studio
https://vroid.com/studio

以下に、今回の例として学習させる画像を掲載します。実際には合計8枚の画像を用意しています。

| 学習用画像1 | 学習用画像2 | 学習用画像3 | 学習用画像4 |

背景は単色にして、サイズは512の正方形にしています。こうした画像を「chr1_train」というフォルダーに入れて「chr1_train.zip」という名前のZIPファイルに圧縮しました。

正則化用の画像

学習では、新しい単語(ここでは「chr1」)と、既存の単語(画像から得られる「girl」などの単語)に学習画像の影響を与えていきます。AIには「chr1」がどういったものなのか分かりません。そのため既存の単語の概念を表す正則化画像を用意しておき、学習用画像で学習した内容から正則化画像で学習した内容を引きます。そうすることで「chr1」の内容のみを抽出した学習したデータが作られます。こうすることで学習の精度が上がります。

この正則化画像ですが「使わない」「透明の画像を使う」「きちんと作成して使う」という3つの手法がネットで見られます。筆者が実験した結果、「使わない」「透明の画像を使う」は、強くキャラが反映されましたが、「きちんと作成して使う」の場合は、低い確率でしかキャラが反映されませんでした。「きちんと作成して使う」の場合は、かなり長い時間学習させないと上手くいかないのでしょう。ちなみに「使わない」を選択した場合は、「girl」などの単語は汚染されて学習した画像に大きく寄ってしまいます。

本稿は、キャラクターを表示させるのが目的です。他の単語との正しい分別は目的としていません。そのため、準備が簡単で学習時間が短く済む、正則化画像を「使わない」方法を選びます。以下は正則化画像を用意したい人だけ読み進めてください。

「透明の画像を使う」場合は、正方形512ピクセルの透明PNGファイルを、学習用画像と同じ枚数用意します。「きちんと作成して使う」場合は、学習用画像の5倍ぐらいの枚数があれば大丈夫という意見が多いです。学習用画像を8枚にするならば、正則化画像を40枚ぐらい用意すればよい計算になります。

　正則化画像は『Web UI』で作れます。「girl」という呪文（学習用の画像から得られる大きな成分の単語）で画像を生成して、必要な枚数用意すればよいです。同じような画像ばかり用意するのではなく、なるべく多様性があるようにした方がよいです。以下、実際に生成した中から4枚を示します。

正則化画像1

正則化画像2

正則化画像3

正則化画像4

7.4 Google Colab での学習

『LoRA』での学習を自分で全て準備するのは大変です。先人が用意してくれたプログラムを利用させてもらうのがよいです。『Google Colab』には他人が作ったプログラム（ノートブック）を利用する機能があります。こうしたプログラムを利用して『LoRA』での学習をおこないます。

『Google Colab』の用語（ノートブック、セル、実行など）については、「第2章 オンラインでの環境構築」に説明をまとめているので参考にしてください。

ノートブックのコピー

ここでは『Kohya LoRA Dreambooth』を利用します。以下の『GitHub』のページで「Kohya LoRA Dreambooth」の「OPEN IN COLAB」ボタンをクリックすると、次の URL の『Google Colab』のページが開きます。

Linaqruf/kohya-trainer: Adapted from ～
https://github.com/Linaqruf/kohya-trainer

kohya-LoRA-dreambooth.ipynb - Colaboratory
https://colab.research.google.com/github/Linaqruf/kohya-trainer/blob/main/kohya-LoRA-dreambooth.ipynb

今回はノートブックをコピーして使用します。『Google Colab』のページが開いたら、上部メニューの下にある「ドライブにコピー」をクリックします。内容が自分のGoogle アカウントにコピーされます。コピーしたページは、『Google Colab』上部メニュー「ファイル」の「ノートブックを開く」から開けます。以降の操作は、このコピー

したノートブック上でおこないます。

「Linaqruf/kohya-trainer」は、章立てや項目名、内容が変わることがあります（実際に、本稿を書いている数日で変わりました）。以降の説明で違うことがあれば、適宜読み換えて作業してください。以降、各項目でどういった設定をして実行していくかを説明します。他の種類のノートブックを利用する場合でも、『LoRA』を利用する場合には似たような項目が出てくるはずです。内容は応用できます。

ランタイムのタイプを変更

まずは GPU を利用できるようにします。画面上部メニューの「ランタイム」から「ランタイムのタイプを変更」を選択します。「ノートブックの設定」ダイアログが開きますので、「ハードウェア アクセラレータ」を「GPU」にして「保存」をクリックします。

ランタイムのタイプを変更

GPU を選択

I. Install Kohya Trainer

「I. Install Kohya Trainer」の操作です。『Kohya Trainer』のインストールや実行環境の準備をおこないます。『Kohya Trainer』自体は、以下になります。

kohya-ss/sd-scripts
https://github.com/kohya-ss/sd-scripts

1.1. Install Dependencies

インストールをおこなうセルです。「mount_drive」をチェックします。チェックすると『Google Drive』をマウントします。学習したモデルを『Google Drive』に保存するにはチェックが必要です。『Google Colab』は、いつのまにかタイムアウトすることが多いので『Google Drive』に保存した方がよいです。その他の設定はそのままで実行します。このセルの実行は3～4分ほどで終わります。

1.2. Start File Explorer

ファイルを操作する「File Explorer」を表示するセルです。使わないので無視します。

II. Pretrained Model Selection

「II. Pretrained Model Selection」の操作です。学習モデルを選択します。『LoRA』での学習は、特定の学習モデルに対しておこないます。そのため、どの学習モデルに影響を与えるのかを選ぶ必要があります。

2.1. Download Available Model

利用可能なモデルをダウンロードするセルです。今回は『Stable Diffusion』1.5の学習モデルを利用します。別のモデルを選択する場合は、以降の説明を適宜置き換えてください。「SD1.x model」の「modelName」で「Stable-Diffusion-v-1-5」を選択します。実行すると、20～30秒ほどで終わります。

2.3. Download Available VAE (Optional)

「VAE」を利用する場合は選択します。利用しなくてもよいです。今回は「vaeName」で「stablediffusion.vae.pt」を選択します。実行すると2～3秒で終わります。

III. Data Acquisition

「III. Data Acquisition」の操作です。学習用画像をセットします。

3.1. Locating Train Data Directory

学習用画像データを配置する場所や、学習用データの設定をおこなうセルです。「train_data_dir」はデータ操作先になるディレクトリのパスです。デフォルトは以下です。変更する必要はありません。実行すると 0 秒で終わります。

 /content/LoRA/train_data

3.2. Unzip Dataset

学習用画像の入った ZIP ファイルを解凍するセルです。このセルを実行する前に、学習用画像が入った ZIP ファイルをアップロードしておく必要があります。今回は「chr1_tarin.zip」を『Google Drive』の「マイドライブ」直下にアップロードしているものとします。このセルの「zipfile_url」に以下のパスを入力します。上記の「chr1_tarin.zip」のパスです。「chr1_train.zip」は削除されるのでローカルに残しておいてください。

 /content/drive/MyDrive/chr1_train.zip

「unzip_to」は空のままでよいです。「unzip_to」が空の場合は、自動的に適切な場所に展開されます。実行すると 0 秒で終わります。今回の操作では以下のパスに画像が展開されます。

 /content/LoRA/train_data/

3.3. Image Scraper (Optional)

booru サイトから画像スクレイピングをするセルです。こちらは無視します。

IV. Data Preprocessing

「IV. Data Preprocessing」の操作です。データの事前処理をおこないます。

4.1. Data Cleaning

学習用画像に、不要なファイルが入っている場合は削除してくれるセルです。不要なファイルが入っていると学習は失敗します。正しく用意できている場合は操作の必要はありません。無視します。

4.2. Data Annotation

学習用画像に対して、画像キャプションや画像タグを自動で付ける項目です。いくつか種類があり、いずれかを実行します。

4.2.1. BLIP Captioning

以降の「5.3. Dataset Config」で「caption_extension」を「.caption」にした場合は必要です。実行した場合は1分程度で終わります。無視します。

4.2.2. Waifu Diffusion 1.4 Tagger V2

以降の「5.3. Dataset Config」で「caption_extension」を「.txt」にした場合は必要です。実行した場合は1分程度で終わります。実行します。

4.2.3. Custom Caption/Tag

自分で手動でタグ付けをする場合のセルです。無視します。

V. Training Model

「V. Training Model」の操作です。学習用の最後の設定です。

5.1. Model Config

各種フォルダーの設定です。使用する学習モデルが2系なら「v2」にチェックを入れます。さらに、その学習モデルが768サイズの場合は「v_parameterization」にもチェックします。今回は、いずれにもチェックを入れません。「project_name」は「chr1」にします。「pretrained_model_name_or_path」はダウンロードした学習モデルのパスです。今回は1.5のモデルをダウンロードしました。そのため以下のパスを入力します。

/content/pretrained_model/Stable-Diffusion-v1-5.safetensors

「vae」はダウンロードした「VAE」のパスです。今回は以下のパスを入力します。

/content/vae/stablediffusion.vae.pt

「output_dir」は、デフォルトの「/content/LoRA/output」のまま変更しません。「output_to_drive」にチェックを入れます。ここにチェックをすると、生成した『LoRA』ファイルを、Google ドライブに保存してくれます。実行すると 0 秒で終わります。

5.2. Dataset Config

全てデフォルトのままにします。「caption_extension」は「4.2.2. Waifu Diffusion 1.4 Tagger V2」を実行したので「.txt」のままにします。実行すると 0 秒で終わります。

5.3. LoRA and Optimizer Config

初回実行時は、全てデフォルトのままにします。

2 回目以降のことを書きます。「network_weights」は、追加学習で必要になる項目です。『LoRA』の学習では、一度生成した『LoRA』ファイルに対して追加学習をおこなえます。そのため少しずつ学習ステップを増やして、想定の結果が得られたら学習を打ち切ることができます。「network_weights」は初回では空にします。そして追加学習をおこなう 2 回目以降は以下のパスにします。

/content/drive/MyDrive/LoRA/output/chr1.safetensors

「chr1.safetensors」は今回の設定でのファイル名です。設定を変更した場合は別のパスになります。このパスは『Google Drive』に保存した場合のパスです。『Google Drive』上では「マイドキュメント」の以下のパスになります。

LoRA/output/chr1.safetensors

『Google Colab』がタイムアウトした場合でも、翌日などに『Google Colab』のノートブックを開き、それまでに学習したファイルを「network_weights」のパスに置いて学習を再開できます。学習後、このパスのファイルは「上書き」されるので、必要ならバックアップを取っておいてください。このセルは実行すると 0 秒で終わります。

●5.4. Training Config

「lowram」にチェックが入っていることを確認してください。少ないメモリーでも動作する設定です。1 回目の実行は、実行時間を確かめるために「num_epochs」を「5」にしておきます。これまでの設定とファイル数で 5 エポックなら、終了までの時間は 4 〜 5 分になります。

1 回目を出力したあと、「5.3. LoRA and Optimizer Config」の「network_weights」に先述のパスを入力して追加学習をおこないます。その際に「num_epochs」の値を「10」や「20」に増やすとよいです。

「save_n_epochs_type」はデフォルトの「save_every_n_epochs」のままにして、直下の「save_n_epochs_type_value」も「1」のままにします。こうすると、エポックごとに連番で経過ファイルを保存してくれます。このファイルは、そのまま学習済みファイルとして使えます。こうしておくと『Google Colab』がタイムアウトで終了しても、経過が『Google Drive』に保存されます。

その他は全てデフォルトのままにします。このセルは実行すると 0 秒で終わります。

●5.5. Start Training

設定を変更せず実行します。以下のパスに「chr1.safetensors」が生成されます。

/content/drive/MyDrive/LoRA/output/chr1.safetensors

追加学習したい場合は、「5.3. LoRA and Optimizer Config」の「network_weight」に
このパスを入力して実行してください。そして再度「5.5. Start Training」を実行してく
ださい。「5.4. Training Config」の「num_epochs」を「30」にして追加学習した場合、17
分ほどで処理が終わりました。

学習済みファイルの保存

『Google Colab』のファイルツリーから以下のパスを選択してダウンロードします。

 /content/drive/MyDrive/LoRA/output/chr1.safetensors

上手くいかない場合は、『Google Drive』の「マイドキュメント」から以下のパスを選
択してダウンロードします。

 LoRA/output/chr1.safetensors

このファイルを『Web UI』の以下のパスに配置して、「LoRA」タブが並んでいるエリ
アの右にある「Refresh」ボタンを押すことでも、読み込むことができます。

 〈インストール先〉/models/Lora/

Refreshボタン

Section 7.5 実際に学習した出力を見る

ここでは、正則化画像を使わず学習した画像を示します。比較のために、いくつかのエポック数の画像を示します。呪文は、それぞれの LoRA ファイルのタグに「chr1」を加えたものです。ちなみに「girl」でも似たような画像が出力されます。これは正則化画像を使わず学習したために「girl」という単語にも意味が上書きされてしまっているためです。

まずはエポック数 10 を示します。「chr1」の効果はほとんどありません。

Prompt

<lora:chr1_epoch10:1> chr1

エポック数10	エポック数10	エポック数10	エポック数10

次にエポック数 40 を示します。学習時間は 27 分ほどです。キーワード「chr1」の効果が出てきました。

エポック数40	エポック数40	エポック数40	エポック数40

続いてエポック数70を示します。学習時間は45分ほどです。ほぼ仕上がっています。学習元データに近い画像が出ています。

エポック数70	エポック数70	エポック数70	エポック数70

最後にエポック数100を示します。学習時間は62分ほどです。眼鏡が反映されたり失敗したりしています。

エポック数100	エポック数100	エポック数100	エポック数100

この先は、眼鏡が出そうで出ない状態が続くことを確認しています。実用を考えればエポック数70程度あれば十分なことが分かります。

また、学習用画像の背景に様々な景色の写真を置いておくと、背景生成時にノイズが入りやすく多様な背景が生成されます。今回のように背景が単一色の場合は、生成される画像も単一色の背景が多くなります。ゲームで使用する画像によって使い分け

るとよいでしょう。

　それでは、学習したデータを利用して画像を生成してみましょう。少し多様性を上げるために、影響の強さは 1 ではなく 0.6 にしてみました。

 Prompt

<lora:chr1-epoch100:0.6>,
(watercolor ink:1.6), (oil painting:1.4), (ink: 1.3), (bold line painting:1.2),
masterpiece, best quality, concept art, extremely detailed,
beautiful kawaii chr1 glasses girl,
(ethnic costume Hmong:1.1), (medium shot:1.5),
(below view:1.3), (smile:1.5), small nose and mouth, aesthetic eyes,
sharp focus, realism, 8k,
(style of granblue fantasy:1.1), (style of genshin impact:0.9),
(style of renaissance:0.7), (style of gothic:0.5), (style of high fantasy:0.5),
(artstation:1.2), (deviantart:1.2), (pixiv ranking 1st:1.2),

 Negative prompt

bad anatomy, bad hands, text, error, missing fingers, extra digit, fewer digits, cropped, worst quality, low quality, normal quality, jpeg artifacts, signature, watermark, username, blurry, missing fingers, missing arms, long neck, humpbacked, shadow, flat shading, flat color, grayscale, black&white, monochrome,

学習データを利用した画像

学習データを利用した画像

学習データを利用した画像

ControlNet との
組み合わせ

　学習した画像と『ControlNet』を組み合わせれば、特定のキャラクターに、指定の
ポーズを取らせることが可能です。先ほど使った呪文を使い、落書きを使って画像を
生成します。以下は手書きで入力した落書き、生成した画像です。キャラクターが指
定のポーズを取っているのが分かります。

『ControlNet』利用 入力画像

『ControlNet』利用 出力画像

第 **8** 章

背景の生成 1 ファンタジー

景観、建物、屋内。
『Stable Diffusion』でファンタジー
ゲーム用の背景画像を生成しましょう。

本章では「背景画像の生成」を扱います。特に「ファン
タジー世界の背景画像」を扱います。背景画像をどう
作るかに始まり、自然景観、建築物の作成、レイアウト
上の注意などについて解説します。そして最後に実践
編として「湖の向こうに山がある景観」「城を臨む景観」
「魔法研究所の様子」を生成します。

8.1 背景画像の生成

　ゲームの背景画像の生成については、いくつか考慮すべき点があります。1つ目は画像のサイズです。ゲーム画面に応じて、大きな画像を生成しなければなりません。2つ目は絵柄の統一です。ゲーム用の画像ですので、ばらばらの絵柄は避けるべきです。3つ目は描画内容です。山、城、森など、必要な景観を生成する必要があります。以降、こうした観点から、背景画像の生成を進めていきます。

画像のサイズ

　PC向けの背景画像は横長、スマホ向けの背景画像は縦長です。対して『Stable Diffusion』の画像生成の基本は正方形です。また、『Stable Diffusion』のデフォルトの生成画像サイズは、横512、縦512で、2.X系の基本は横768、縦768です。これらは、ゲームの背景画像として使用するには小さすぎます。

　画像生成は試行錯誤が多いです。また、大きな画像を作ろうとすると生成時間が非常にかかります。それだけでなく画像サイズが大きいとVRAMが足りずにエラーも起きます。そのため大きな画像をいきなり作ろうとせずに、小さな画像を作って最後に拡大するのがよいです。実際の生成では、呪文を試行錯誤したあと、大量の画像を生成して、ベストな画像を選定します。

　では、どういったサイズがよいのかを書きます。短辺を512にして必要な画像サイズの比率に合わせて長辺を計算して、そのサイズの画像を作るとよいです。少し計算例を示します。短辺が512ピクセルで、最終的に得たい画像が横1920ピクセル、縦1080ピクセルなら、「512 * 1920 / 1080」で長辺が910前後のピクセルの画像を生成するとよいです。

長辺を延長する

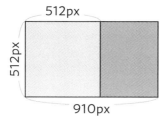

512px

512px

910px

画像の拡大

　試行錯誤して求める画像ができたら、最終サイズの画像を作る方法は、大きく分けて2つあります。1つ目の方法は、生成された画像を、画像拡大AIなどで拡大することです。この方法は、時間も手間もかからず現実的です。以下、拡大するプログラムの例です。利用にはGitHubアカウントでのログインが必要です。

 nightmareai/real-esrgan - Run with an API on Replicate
https://replicate.com/nightmareai/real-esrgan

nightmareai/real-esrgan

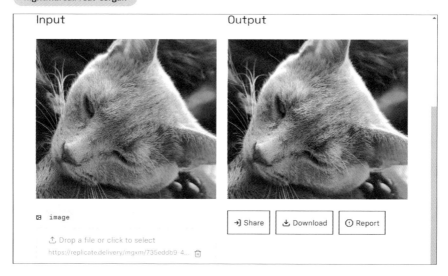

2つ目の方法は、同じ呪文と設定で、上手く生成できた画像のシードを利用して、高解像度の画像を作ることです。シードは『Web UI』の「PNG Info」タブで調べることができます。「Seed: 3615092541」のように表示されますので、この数値をコピーして、「txt2img」タブの「Seed」に入力すると、同じ初期値で生成できます。ただしこの方法は、低VRAMでは限界があります。少し画像を大きくすると、すぐにエラーが出ます。

いずれにしても、小さい画像で大量に作ったあと大きな画像を少数作るという流れにすると作業時間を短縮できます。

絵柄の統一

絵柄の統一には、大きく分けて2つの方法があります。1つ目の方法は、とりあえず写真風の景観を作っておき、あとで絵柄を統一する方法です。画像編集ソフトでフィルターをかけてもよいですし、『Stable Diffusion』の「img2img」で画像を入力値にして、絵柄を呪文で指定して出力するのでもよいです。

2つ目の方法は、呪文で景観と絵柄を指定して生成する方法です。この方法の場合、生成後にもう一度処理をおこなう手間を省けます。いずれの方法でもよいですが、背景画像を作る前に方法を決めておいた方がよいです。

背景画像の絵柄の指定には、ルネサンスやゴシックといった画風を指定する方法と、画家の名前を指定する方法があります。画家の名前は、Botticelli、Michelangelo、Raffaello、Rembrandt、Vermeer、Monetなど、美術の教科書に載っているような画家の名前を複数指定するのがよいです。学習画像も豊富で、良好な結果が出ます。

また「fantasy」や「sci-fi」「cyberpunk」といったジャンルを指定する方法もあります。開発しているゲーム独自の絵柄にする場合は、複数のスタイルを指定して、「(単語:数値)」として重み付けを指定するとよいです。重み付けは以下のようにおこないます。どういう絵柄がよいかは、作っているゲームによります。また、開発者が抱いているイメージによります。

以下に呪文と出力した画像を示します。

 Prompt

landscape forest, style of renaissance and gothic, (style of high fantasy:1.2),

landscape forest 1

landscape forest 2

　『Little Land War SRPG』の背景画像を作る際は、ルネサンス絵画をベースにしてゴシックを足して、ミケランジェロやラファエロの名前を入れて絵柄を調整しました。『Little Land War SRPG』の背景画像を生成した頃は、まだ2系統が出ていなかったので全て1系統で生成しました。

　筆者の経験として、写実的な画像は2系統の方がよいものが出て、絵柄の指定は1系統の方がコントロールしやすいです。2系統の場合は「txt2img」で写実的な絵を出力したあと「img2img」で絵柄を調整すると上手くいきます。

Section

8.2 描画内容

　ファンタジーゲームの背景は、大きく分けて2つに分かれます。自然景観と建築物です。自然景観は、山や森、湖などです。建築物は、城や砦、屋内の様子などになります。

自然景観

　自然景観は、シンプルなキーワードで高いクオリティーのものを生成してくれます。自然景観を生成する時は、地形にかかわらず「landscape」の単語を入れた方がよいです。

　自然景観を生成するコツは、テキストでの細かな景観指定は避けることです。たとえば手前は川で、奥に草原が広がり、遠景は山岳地帯といった指定は、フレーズとして書いても成功率は低いです。単純に山だけ、川だけを指定した方が、上手い構図の自然景観が生成される確率が高いです。下手に細かく位置を指定して、そのとおりに作ろうとしても上手くいきません。川、草原、山のような独立したフレーズを指定して、配置は大量に生成した画像から選ぶ方が、最終生成までにかかる時間は短くなります。

　また、もう1つの方法は下絵を描くことです。下絵を描けば、かなりの確率で指定した配置の画像を得られます。自分で絵を描くのが苦手な人は、とりあえず『Stable Diffusion』で数枚の絵を出力したあと、手書きで加筆修正してください。その画像を「img2img」の入力値にすると良好な結果を得られます。

　重要なのは、呪文にあまり細かな指示を書き込みすぎないことです。それよりも、重要なキーワードを渡したあとは大量の生成をおこない、それを選別した方がよいです。自然景観については、多くの学習元画像があるためにバリエーションをたくさん出してくれます。

また、自然景観を絵画風に生成する場合に起きやすい現象について触れておきます。小さな人物の影や、謎の生物が入り込むことが多いです。これは西洋絵画の風景画の中に、人物が入っていることがよくあるために起きる現象だと思います。

不要物の混入

完全に防ぐことはできませんが、「Negative Prompt」に人間や人体などを表す単語を入れておくと、抑制できることもあります。

 Negative prompt

human, body, boy, girl, man, woman, mob,

建築物

建築物は、かなり難しいです。『Stable Diffusion』は立体を理解しているわけではないために、3 次元的に正しい画像は生成されないと思った方がよいです。厳密に 3 次元で見ると破綻している画像が出力されます。建築物は直線で構成されたものが多いために、3 次元的な破綻が目立ちやすいです。そのため目指すのは、正確な画像ではなく、それっぽい画像です。ここは割り切らないと地獄を見ます。

屋外であれば、描画対象の建物をあまり大きく描かない方がよいです。大きく描くと、右端と左端で、3次元の軸がずれていることがよく発生します。小さく正面から描かれているものを採用するとよいです。

　屋内の場合は、作りたい場面が多く出てくるゲームの名前を入力すると、良好な結果が出ることがあります。「研究所」や「宿屋」などはゲームでもよく見られます。そうした元絵となるデータがある場合は、破綻の少ない画像が生成されやすいです。そうした元になる画像がない場合は、「図書館＋薬品棚」「倉庫＋骨董品」などのように、複数の場面を組み合わせてイメージを作るとよいです。

　出力した画像が惜しい出来だった場合の対策も書きます。一度生成したあと、見込みのありそうな画像の破綻した部分を「img2img」の「Inpaint」で書き換えます。あるいは視点や構図を工夫することで、破綻が少なくなるようにするのもよい手です。たとえば宿屋の全体を見渡す画像は破綻が出やすいですが、宿屋の主人がいるカウンターだけなら破綻が出にくいです。

レイアウトの注意

　立ち絵と組み合わせる前提の画像を生成するときは、背景画像のレイアウトに気を付ける必要があります。「城」の画像を作ったとします。城の画像が中央にあると、立ち絵が中央に来た場合に見えなくなります。これはかなり重要で、火山、大木、城門など、何か特定のオブジェクトが重要な場合に、それが見えないと意味不明のゲーム画面になります。画像単体で選ぶのではなく、ゲームに実際に使った時に、他の部品と組み合わせてどう見えるのかを気にしておく必要があります。

　この問題の解決方法は大きく分けて2つあります。1つ目の方法は、画像生成の際に、描画対象が中央に来ないようにすることです。実際の作業としては、大量に生成して、中央に来ていない画像を選びます。あるいは横に長めの画像を生成してトリミングします。2つ目の方法は、キャラクターの位置やサイズを変更可能にして、背景に被らないようにすることです。この方法は、位置とサイズを指定するデータを作り、プログラム側で対応する必要があります。

　一長一短ですが、背景画像のクオリティを考えて『Little Land War SRPG』では後者を採用しました。

キャラクター中央配置

レオ

王宮から士官学校の生徒に呼び出しって、いったい何だろう。
こんな中途半端な時期に突然……。

キャラクター中央回避

レオ

砦が見えてきたぞ。

視点

　基本的には「long shot」で問題ありません。場合によっては「far long shot」にしたり、
「wide view」などのフレーズを入れたりします。こうしたフレーズを入れなくても自
然景観なら、「landscape」の文字があれば風景写真や風景画のような絵にしてくれま
す。景観の単語から想起する視点は意外に少ないので、あまり細かく指定しなくても
良好な結果になることが多いです。

8.3 実践

ここでは、3種類の画像を作ります。1つ目は「湖の向こうに山がある景観」です。2つ目は「城を臨む景観」です。3つ目は「魔法研究所内の画像」です。

学習モデルは「v2-1_512-ema-pruned.safetensors」、画像サイズは、横 912、縦 512 です。「Negative prompt」は、以下のものを共通で利用します。

 Negative prompt

text, error, worst quality, low quality, normal quality, jpeg artifacts, signature, watermark, username, blurry, shadow, flat shading, flat color, grayscale, black&white, monochrome, frame, human, body, boy, girl, man, woman, mob,

湖の向こうに山がある景観

以下の呪文で生成します。1枚だけ出力しても良好な結果が得られるとは限らないため、「Batch count」の数値を上げて複数枚出力します。試行錯誤の時は4枚ぐらい生成して、ある程度呪文ができたら一気に16枚や32枚出力するとよいです。

 Prompt

beautiful detailing landscape painting,
masterpiece, best quality, concept art, extremely detailed,
ray tracing, beautiful composition,
(wide lake:1.3),
(mountains:1.1),
blue sky of summer, daytime,

upper sunlight and bright golden sun,
far long shot, below view, brilliant photo,
sharp focus, atmospheric lighting, realism,
8k, ray tracing, cinematic lighting, cinematic postprocessing,
(style of high fantasy:1.3),
(style of gothic:1.1),
(style of renaissance:0.7),

以下は、出力した画像から選別した1枚です。

湖の向こうに山がある景観 txt2img

　景観画像を一度作ったあと「img2img」で絵柄を変えてみます。呪文と出力画像を
示します。

 Prompt

rough oil painting, (rough watercolor:1.2),
masterpiece, best quality, concept art,

湖の向こうに山がある景観 img2img 1

湖の向こうに山がある景観 img2img 2

　『Stable Diffusion』の 2.X 系統は、「txt2img」の絵柄のフレーズが効きにくいです。「img2img」ではきちんと効くので、絵柄をあとで指定すると楽です。また「img2img」は元絵を忠実になぞるわけではありません。似ている別の画像を生成します。使えるものを得るには何枚か出力する必要があります。明度や彩度の修正だけなら画像編集ソフトで修正した方が速いでしょう。

城を臨む景観

　『Stable Diffusion』は、パースを取って絵を描いてくれるわけではありません。そのため立体空間に複数の直線が入る絵をきちんと描いてはくれません。城や町並みといった立体的な絵は破綻しやすいです。

　解決方法の 1 つ目は、数を多く出力して人間の目で選別することです。大量に出力した画像から、ましなものを選ぶことで破綻を少なくします。解決方法の 2 つ目は、下絵を用意することです。実際に絵を描く必要はありません。積み木や重ねた本などでレイアウトを作り、スマートフォンで撮影して「img2img」の入力画像にします。一手間かかりますが、破綻の少ない画像になります。

　ここでは、1 つ目の方法を使い画像を作ります。以下は呪文です。

 Prompt

beautiful detailing landscape painting,
masterpiece, best quality, concept art, extremely detailed,
ray tracing, beautiful composition,
(crowded street in middle ages town:1.7),
(long shot small fantasy castle:0.5),

```
blue sky of summer, noon,
below view, brilliant photo,
sharp focus, atmospheric lighting, realism,
8k, ray tracing, cinematic lighting, cinematic postprocessing,
(style of high fantasy:1.3),
(style of gothic:1.1),
(style of renaissance:0.7),
```

以下は、出力した画像から選別した1枚です。呪文通りの画像はなかなか生成されませんが、出力されたものから比較的良好なものを選びました。

城を臨む景観 txt2img

次に、出力した画像を「img2img」で絵柄を変えます。以下は呪文と出力画像です。「crowded street」は重みを上げてもあまり効かなかったのですが、1枚目は割と効いています。

 Prompt

rough oil painting, (rough watercolor:1.2),

```
masterpiece, best quality, concept art,
(crowded street:1.9) in (middle ages town:1.5),
(long shot small fantasy castle:1.2),
blue sky of summer, noon,
```

城を臨む景観 img2img 1

城を臨む景観 img2img 2

魔法研究所内の様子

　最後は屋内の画像の生成です。試行錯誤の途中では「library」を入れていました。しかし、画面が整然としすぎるので途中で外しました。こうした画像を作る際は、魔法研究所のイメージに似ている場所や、現実に写真が存在していそうな場所を組み合わせて呪文を作るとよいです。

　以下は呪文です。

 Prompt

```
beautiful detailing painting,
masterpiece, best quality, concept art, extremely detailed,
ray tracing, beautiful composition,
(messy atelier :1.7),
(alchemist laboratory:1.2),
(ancient dark wooden antique warehouse:0.5),
(many steampunk experimental device:0.8),
(many ancient book:0.6),
(many laboratory instrument:0.5),
```

long shot, below view, brilliant photo,
sharp focus, atmospheric lighting, realism,
8k, ray tracing, cinematic lighting, cinematic postprocessing,
(style of high fantasy:1.3),
(style of gothic:1.1),
(style of renaissance:0.5),

　以下は、出力した画像から選別した1枚です。魔法研究所らしい雑然とした様子
になっています。

魔法研究所内の画像 txt2img

　生成した画像を「img2img」で絵柄を変えます。以下は呪文と出力画像です。同じ
入力画像でも、出力は微妙に違います。

 Prompt

bright color, (pastel color:0.5),
(rough oil painting:0.8), (watercolor:1.2),
masterpiece, best quality, concept art,

(messy atelier : 1.7),
(alchemist laboratory: 1.2),
(ancient dark wooden antique warehouse:0.5),
(many steampunk experimental device:0.8),
(many ancient book:0.6),
(many laboratory instrument:0.5),

魔法研究所内の画像 img2img 1

魔法研究所内の画像 img2img 2

Section 8.4 実際のゲームでの背景画像の作成

以下、『Little Land War SRPG』で背景画像を作った時のことを書きます。ゲーム中では、背景画像の上にキャラクター画像を載せて利用しました。そのため、キャラクター画像と同じ情報密度だと、画面が見づらくなると判断して、背景画像の情報量を減らしました。

ストーリー画面

ノエル

もしかして討伐隊を、学生に指揮させているのか？
舐められたものだな。

以下に示す1枚目は『Stable Diffusion』で出力した画像です。2枚目は解像度を大きくして加工をした画像です。

背景画像 加工前

背景画像 加工後

　色味を変える以外にも、細部を削っています。カメラで人物を撮る時に、背景をぼかす技法と同じです。情報量を削り、キャラクターと差を持たせています。以下は、同じ場所の比較画像です。情報量が減っているのが分かります。

背景画像 加工前

背景画像 加工後

第

9

章

背景の生成 2 現代

学校、繁華街、都市。
『Stable Diffusion』で
現代ゲーム用の背景画像を
生成しましょう。

本章では「現代の背景画像の生成」を扱います。現代はアドベンチャーゲームやノベルゲームなどの舞台によくなる日常の世界です。現代的な建物が建ち並ぶ、日頃から見慣れた景色です。ここでは、学校の校舎、教室、街の景色や、大都市の俯瞰画像を生成しながら、気を付けるべき点について説明していきます。

9.1 実践

　ここでは4種類の画像を作ります。前半は、現代物のゲームでよく舞台になる「学校」にまつわる背景です。後半は、生活の場である街の景色です。この章での画像サイズは、横910、縦512です。「Sampling method」は「Eular」です。「Negative prompt」は、以下のものを共通で利用します。

> 🖐 *Negative prompt*

text, error, worst quality, low quality, normal quality, jpeg artifacts, signature, watermark, username, blurry, shadow, flat shading, flat color, grayscale, black and white, monochrome, frame, human, body, boy, girl, man, woman, mob,

学校の校舎

　校舎も教室もそうですが、『Stable Diffusion』を使って日本の一般的な背景を生成するのは難しいです。学習モデルは日本の写真をもとに作られたわけではありません。アメリカの写真が多いです。そのため校舎や教室は、アメリカの学校の校舎や教室が基本となります。また、単純に日本を表す単語をつけると「アメリカ人が考える日本風」の奇妙な画像になります。

　こうした場合のアプローチは2つです。1つ目は、日本人が考える画像のイメージを羅列して、近いイメージの画像を作り上げることです。2つ目は、日本の写真や画像が多く含まれている学習モデルを使うことです。「学校の校舎」では1つ目のアプローチを採用します。

まず、参考にする学校の校舎の画像をいくつか集めます。そして、『Web UI』の「img2img」に画像をドロップして、「Interrogate DeepBooru」を使い、資料の写真から読み取れるフレーズを抜き出します。以下は、採取したフレーズの例です。

Prompt

architecture, bare_tree, building, bush, chain-link_fence, city, cityscape, day, fence, house, lamppost, no_humans, outdoors, pavement, road, scenery, sky, skyscraper, street, tree

建物や家や超高層ビル（architecture、building、house、skyscraper）、木や茂み（bare_tree、tree、bush）、金網（chain-link_fence、fence）、都市や都市景観（city、cityscape）、舗装路や道（pavement、road、street）、空（sky）といった単語があります。日本の学校の校舎は、こうした要素で構成されているのが分かります。

それでは画像を生成しましょう。1.5の学習モデルを利用して、以下の呪文で生成します。

Prompt

beautiful detailing landscape,
masterpiece, best quality, concept art, extremely detailed,
ray tracing, beautiful composition,
(school building:1.5),
architecture, building,
bare_tree, chain-link_fence,
japanese city, japanese cityscape, pavement, road, street,
day, blue sky,
low angle,
brilliant photo, sharp focus, atmospheric lighting, realism,
8k, ray tracing, cinematic lighting, cinematic postprocessing,

以下は、出力した画像から選別した4枚です。少し新しめですが、それっぽい校舎の画像が生成されました。

学校の校舎1 txt2img

学校の校舎2 txt2img

学校の校舎3 txt2img

学校の校舎4 txt2img

学校の教室

　日本の小学校から高校にかけての教室を、公式の学習モデルで上手く作るのは難しいです。アメリカ風の教室の画像が多く生成されてしまいます。ちなみに大学の教室ならば、それほど差はないため問題なく作れます。

　ここでは2つ目の方法として、学習モデルを変えて生成します。日本のイラストやアニメ、マンガに強いモデルを使うとよいでしょう。今回使う学習モデルは「derrida_final.ckpt」です。教室を表す単語は、以下のものを用意しました。教室は「high school classroom」で指定しています。また、「chair, green chalkboard, some wood school_desk」で、教室の様子を表現しています。

high school classroom, chair, green chalkboard, some wood school_desk, no_hum
ans, window,

質の調整をおこなうフレーズを加えて、最終的な呪文は以下にしました。

beautiful detailing landscape,
masterpiece, best quality, concept art, extremely detailed,
ray tracing, beautiful composition,
style of japanese animation,
(high school classroom:1.5),
chair, green chalkboard,
some wood school_desk,
indoors, no_humans, scenery, window,
day, low angle,
brilliant photo, sharp focus, atmospheric lighting, realism,
8k, ray tracing, cinematic lighting, cinematic postprocessing,

　以下は、出力した画像から選別した4枚です。それっぽい画像を生成することは
できますが、机の配置や脚をきちんと出力することはできません。こうした部分はト
リミングしたり、ぼかしたりして誤魔化するとよいです。

学校の教室1 txt2img

学校の教室2 txt2img

学校の教室 3 txt2img

学校の教室 4 txt2img

街の景色

　街の景色も、そのまま生成すると日本の景色ではなく欧米の景色になります。そこで参考画像を集めて、「img2img」の「Interrogate DeepBooru」を使い、資料の写真から読み取れるフレーズを抜き出します。以下は、採取したフレーズの例です。

 Prompt

architecture, bare_tree, bridge, building, castle, city, cityscape, cloud, day, east_as
ian_architecture, house, lamppost, outdoors, pagoda, real_world_location, road,
scenery, sky, skyline, skyscraper, snow, street, tokyo_city, tower, tree

　この中から、いくつかの単語を採用します。また、「Interrogate DeepBooru」で採取したフレーズはアルファベット順になっているので、強調したい単語が前になるように並べ換えます。以下は、選別して並べ換えたものです。

 Prompt

tokyo_city, east_asian_architecture, real_world_location, city, cityscape, house, ou
tdoors, road, bare_tree, sky, skyline, skyscraper, street, cloud, day,

これらのフレーズと 1.5 の学習モデルを利用して、以下の呪文で画像を生成します。

 Prompt

beautiful detailing landscape,
masterpiece, best quality, concept art, extremely detailed,
ray tracing, beautiful composition,
tokyo_city, east_asian_architecture, real_world_location,
city, cityscape, house,
outdoors, road, bare_tree,
sky, skyline, skyscraper, street, cloud, day,
low angle,
brilliant photo, sharp focus, atmospheric lighting, realism,
8k, ray tracing, cinematic lighting, cinematic postprocessing,

　以下は、出力した画像から選別した4枚です。「東京の街並み」「東南アジアの都市の町並み」をイメージさせる画像が生成されています。

街の景色1 txt2img

街の景色2 txt2img

街の景色3 txt2img

街の景色4 txt2img

大都市の俯瞰画像

　これまでは、かなり細かく指定していましたが、一般的なイメージがある画像は短いフレーズで生成できます。大都市の俯瞰画像は「megacity」のワンフレーズで生成可能です。megacity を表す画像は、どれも俯瞰した視点で撮影したものなので、同じような視点の都市画像が生成されます。

　このようなフレーズを探すには、いくつかコツがあります。Google の画像検索で「大都市の俯瞰画像」などで探して、その画像に付けられているキャプションを集めると、上手く生成できるフレーズが手に入ります。

　それでは 1.5 の学習モデルを利用して、画像を生成しましょう。以下に呪文と出力画像を示します。高層ビルが密集した様子が生成されています。

 Prompt

megacity

大都市の俯瞰画像1 txt2img

大都市の俯瞰画像2 txt2img

大都市の俯瞰画像3 txt2img

大都市の俯瞰画像4 txt2img

第 10 章

背景の生成 3
SF

宇宙、未来の街並み、未来の大都市、月面基地。
『Stable Diffusion』でSFゲーム用の
背景画像を生成しましょう。

本章では「SFの背景画像の生成」を扱います。SFはScience Fictionの略語です。日本語では空想科学とも呼ばれ、未来世界や科学的虚構が盛り込まれたジャンルを表します。本章では、そうしたSFジャンルの未来世界を扱います。ここでは、宇宙、未来の街並み、未来の大都市、月面基地の画像を生成しながら、気を付けるべき点について説明していきます。

10.1 実践

ここでは 4 種類の画像を作ります。SF 用の画像は、短いフレーズで作れるものが多いです。一般的なイメージを表すフレーズに、SF を表す「sci-fi」という単語を付けると SF 風の画像を得ることができます。

この章での画像サイズは、横 910、縦 512 です。「Sampling method」は「Eular」です。学習モデルは全て 1.5 を利用します。「Negative prompt」は、以下のものを共通で利用します。

Negative prompt

text, error, worst quality, low quality, normal quality, jpeg artifacts, signature, watermark, username, blurry, shadow, flat shading, flat color, grayscale, black and white, monochrome, frame, human, body, boy, girl, man, woman, mob,

宇宙

宇宙と聞いてイメージするものは何でしょうか。宇宙の画像には、いくつか方向性があります。「夜空」や「銀河」「SF 風の恒星や惑星」、そうしたものが宇宙の画像には含まれます。ここではまずは夜空を作成して、それから銀河の画像を作成します。最後に、惑星を大きく画面に入れた画像を生成します。

夜空の画像は、短い呪文で生成できます。下手にいろいろと単語を入れない方がよいです。以下に呪文と出力画像を示します。かなりよい夜空が生成されます。

Prompt

starry sky

夜空1 txt2img

夜空2 txt2img

夜空3 txt2img

夜空4 txt2img

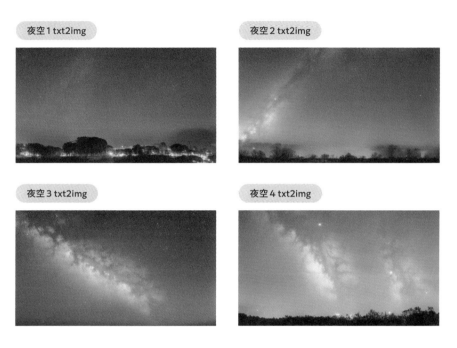

　次は、宇宙空間から見た宇宙の様子です。「galaxy」や「universe」で良好な画像が得られます。また「deep space」でも同等の画像を生成できます。色味が派手すぎる場合は、画像編集ソフトで彩度や明度を調整するとよいです。

Prompt

galaxy

 Prompt

universe

銀河 universe 1 txt2img

銀河 universe 2 txt2img

　次は SF 風の惑星の様子です。こちらは、「planet（惑星）」に SF 要素を加えるだけで、それっぽい画像が生成されます。以下に呪文と出力画像を示します。

 Prompt

planet, sci-fi

惑星1 txt2img

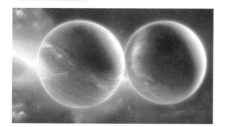

惑星2 txt2img

惑星3 txt2img

惑星4 txt2img

未来の街並み

　未来の街並みは、「future city」というフレーズで生成可能です。世の中に多くある未来予想図の街並みを反映した画像が生成されます。以下に呪文と出力画像を示します。

 Prompt

future city

　「future city」では、少し高い視点からの画像でした。こうした画像の視点を下げるのに便利なフレーズがあります。それは「street view」です。この単語を付けることで視点を下げることができます。ここではさらに「sci-fi」も加えて生成してみましょう。以下は呪文と出力画像です。

 Prompt

future city, street view, sci-fi,

未来の街並み 低視点1 txt2img

未来の街並み 低視点2 txt2img

未来の街並み 低視点3 txt2img

未来の街並み 低視点4 txt2img

未来の大都市の俯瞰画像

　現代の背景生成では「大都市の画像」を生成しました。ここでは「未来の大都市の画像」を生成します。以下は呪文と出力画像です。短いフレーズで、大都市の画像が SF 風に変わります。

 Prompt

megacity, sci-fi, future city,

未来の大都市 1 txt2img

未来の大都市 2 txt2img

未来の大都市 3 txt2img

未来の大都市 4 txt2img

　次に、視点を高く上げてみます。まずは「bird view」というフレーズを使います。
以下に呪文と出力画像を示します。

 Prompt

future city, bird view, sci-fi,

未来の大都市 bird view 1 txt2img

未来の大都市 bird view 2 txt2img

未来の大都市 bird view 3 txt2img

未来の大都市 bird view 4 txt2img

続いて「high angle」というフレーズを使います。以下に呪文と出力画像を示します。

 Prompt

future city, high angle, sci-fi,

未来の大都市 high angle 1 txt2img

未来の大都市 high angle 2 txt2img

未来の大都市 high angle 3 txt2img

未来の大都市 high angle 4 txt2img

このようなフレーズを加えることで、出力する画像の視点をコントロールできます。

月面基地

　月面基地は「moonbase」で生成できます。しかし成功率は低いです。この単語は、SF風のおもちゃのパッケージ画像が多数生成されます。この名前のおもちゃでも存在しているのでしょう。

　そこでジャンルを固定するために「sci-fi」を加えました。こうしたことはよくあります。一般的な名詞と、商品名や作品名が被ってしまい、意味が汚染されているケースです。そうした時は、他の単語を加えて意味を限定したり、その単語を使わずに特徴だけで呪文を組み立てます。

　以下は使用した呪文と出力画像です。

moonbase, sci-fi,

月面基地1 txt2img

月面基地2 txt2img

月面基地3 txt2img

月面基地4 txt2img

第

11

章

背景の生成4
サイバーパンク

街、バー、高級な部屋、研究室。
『Stable Diffusion』で
サイバーパンクゲーム用の
背景画像を生成しましょう。

本章では「サイバーパンクの背景画像の生成」を
扱います。サイバーパンクとは1980年代に流行
し、その後普及したSFのサブジャンルです。電脳
世界や、非合法な活動が渦巻くダークな世界が
舞台です。ここでは、サイバーパンクな街、バー、
高級な部屋、研究室の画像を生成しながら、気を
付けるべき点について説明していきます。

11.1 実践

サイバーパンクは、工学と生物学の融合を表すサイバネティックスに、反体制的なカルチャーの潮流であるパンクを融合させた言葉です。サイバーパンクの特徴は、電脳世界と人体改造、巨大企業が支配する社会、ネオン溢れる街並み、アンダーグラウンドな活動などです。代表的な作品としては『攻殻機動隊』『ブレードランナー』『ニューロマンサー』などが挙げられます。

ここでは4種類の画像を作ります。SFと同様に、サイバーパンク用の画像は、短いフレーズで作れるものが多いです。一般的なイメージを表すフレーズに「cyberpunk」という単語を付けると、蛍光色が随所に使われたサイバーパンク風の画像を得ることができます。

この章での画像サイズは、横910、縦512です。「Sampling method」は「Eular」です。学習モデルは全て1.5を利用します。「Negative prompt」は、以下のものを共通で利用します。

Negative prompt

text, error, worst quality, low quality, normal quality, jpeg artifacts, signature, watermark, username, blurry, shadow, flat shading, flat color, grayscale, black and white, monochrome, frame, human, body, boy, girl, man, woman, mob,

サイバーパンクな街

街を表す単語に「cyberpunk」を加えるだけで生成できます。まずは「downtown」です。「cyberpunk」の影響の強さを変更したい場合は、他の単語との順番を変えるか、丸括弧を使って強調をおこなうとよいです。

Prompt

cyberpunk, downtown,

　以下は、出力した画像から選別した4枚です。派手な蛍光色で輝いている街の様子が生成されます。サイバーパンクは夜のイメージのために夜の画像が多く出力されます。

サイバーパンクな街 downtown 1 txt2img

サイバーパンクな街 downtown 2 txt2img

サイバーパンクな街 downtown 3 txt2img

サイバーパンクな街 downtown 4 txt2img

　次は「street」です。街や街の景観を表す単語は多くあります。英和辞書と和英辞書を横断することで、近い単語を多く得ることができます。また類語辞典を使い、単語を集めるという方法もあります。

Prompt

street, cyberpunk,

以下は、出力した画像から選別した4枚です。単語を変えることで、街を内側から見た様子に変わりました。また、街の様子が雨で濡れたようなウェットな様子に変わりました。

サイバーパンクな街 street 1 txt2img

サイバーパンクな街 street 2 txt2img

サイバーパンクな街 street 3 txt2img

サイバーパンクな街 street 4 txt2img

　最後は「slum」です。荒れた貧しい地域の様子が描き出されます。サイバーパンクの世界は、貧富の差が描かれることが多いです。金持ちのいるシーンと、貧しい人が多くいるシーンの対比は必須と言えます。こうしたスラム街の様子は、サイバーパンク系のゲームで活用でさるでしょう。

 Prompt

slum, cyberpunk,

サイバーパンクな街 slum 1 txt2img

サイバーパンクな街 slum 2 txt2img

サイバーパンクな街 slum 3 txt2img

サイバーパンクな街 slum 4 txt2img

サイバーパンクなバー

あらゆるものに「cyberpunk」を加えるだけで、蛍光色に光るサイバーパンク風の画像が生成できます。バーやドラッグストア、密売所、多くの場所がサイバーパンク系ゲームの舞台になります。

 Prompt

bar, cyberpunk,

以下は、出力した画像から選別した4枚です。教室もそうでしたが、椅子や机の脚が多数ある画像は『Stable Diffusion』は苦手です。枚数を多く生成して、あまり気にならない画像を選別するか、トリミングして誤魔化すかするとよいです。あるいは椅子を「Negative prompt」に入れて、カウンターより上の画像を生成するように指示を出すのもよいでしょう。

サイバーパンクなバー 1 txt2img

サイバーパンクなバー 2 txt2img

サイバーパンクなバー 3 txt2img

サイバーパンクなバー 4 txt2img

サイバーパンクな高級な部屋

　サイバーパンクの世界は、貧富の差が激しいです。先ほどの「サイバーパンクな街」
の生成では「スラム街」を描きました。ここでは「高級な部屋」を描きます。

　高級部屋は「luxury room」で生成できます。バーでもそうでしたが、机や椅子が
ある場所の画像は、おかしくなることが多いです。不要な場合は「Negative Prompt」
に入れて、生成されにくくするのも1つの手です。以下に呪文を示します。

 Prompt

cyberpunk, luxury room,

以下は、出力した画像から選別した 4 枚です。調度品が多いために破綻しやすく、かなり多く生成して、それらしい画像を選びました。高級な部屋は整然としているために、それぞれのオブジェクトの破綻が目立ちやすくなります。

サイバーパンクな高級な部屋 1 txt2img

サイバーパンクな高級な部屋 2 txt2img

サイバーパンクな高級な部屋 3 txt2img

サイバーパンクな高級な部屋 4 txt2img

部屋の画像は、無料素材サイトなどでも多く見つけることができます。改変自由の無料素材を利用して、「img2img」でサイバーパンク風にするのも 1 つの手です。

今回は、サイバーパンク風の室内画像を生成しました。さらに高級感を出したいならば、サイバーパンクというフレーズを付けずに高級な室内画像を生成するとよいです。一定以上の権力がある人間は、その世界から切り離された古典的な空間を保有していることが多いです。サイバーパンク風でないことが、その人間の権力の大きさを印象づけることになります。

サイバーパンクな研究室

　研究室は「laboratory」で生成できます。しかし「cyberpunk, laboratory」と指定すると、サイバーパンクではない、ただの研究室が生成されてしまいます。こうした場合は他の単語を加えて「laboratory」の方向性を変えてやるとよいです。ここでは「underground laboratory」とすることで、危険で混沌とした研究所の様子を生成することにします。以下は使用した呪文です。

 Prompt

cyberpunk, underground laboratory,

　以下は、出力した画像から選別した4枚です。地下に設けられた秘密の研究室という雰囲気が出ているのが分かります。

サイバーパンクな研究室1 txt2img

サイバーパンクな研究室2 txt2img

サイバーパンクな研究室3 txt2img

サイバーパンクな研究室4 txt2img

第

12

章

武器や道具の生成

**多くのアイテムを出したいけれど、グラフィック
を作成するのが大変。『Stable Diffusion』
は、そうした悩みを解決してくれます。**

本章では「武器や道具の生成」を扱います。下絵を元に
「img2img」でゲーム素材を作っていく方法を示します。

12.1 武器や道具の生成

　ゲーム用の素材として、武器や道具を生成する際には、全体像が写っている、向きが揃っているなど、ある程度の統一感が必要になります。この統一感を呪文だけで出すのは難しいです。AI に指示して全て自動でやってもらえるとよいのでしょうが、現状では下絵を用意して「img2img」で生成する方がよい仕上がりを得られます。下絵は複雑なものである必要はありません。線と塗りだけで構成したシンプルなもので構いません。

　下絵を作成する時に注意すべき点は、余白を大きく取ることです。余白の少ない画像を img2img の元絵に使うと、生成される画像が枠をはみ出します。こうなると統一感を得ることはできません。特に、剣などの長物は余白を多く取っておいた方がよいです。隙あらば画面を突き抜けようとします。また、背景は白にするとよいです。そして下絵を太い黒線で囲んでおきます。そうしておけば、生成した画像を、白の背景部分を選択して、2 ドットほどぼかして削除すると背景が透明な素材を簡単に得られます。

出力した画像

背景を削除して透明にした画像

　武器や道具の画像については、生成した画像を元絵にして再度「img2img」すると、細部がより複雑な画像を得やすいです。『Stable Diffusion』の性質上、単純な塗りの画像を下絵にした場合は、ノイズとなる成分が少ないために生成画像が簡素になるケースが多いです。一度軽く「img2img」をかけて画像の複雑度を増したあと、最終成果物を目指すとよいです。

　また、細部が微妙におかしな時は、「img2img」の「Inpaint」を使い、おかしな部分だけ再生成する方法があります。この際、呪文は元絵の画像を生成したものと同じにします。そして、32枚、64枚など画像を多めに生成します。そうすると、その中に上手くいく画像が出ます。1～2枚だけ生成しても、成功画像ができないことの方が多いです。ある程度算段が立ったら大量に生成して選別するのが、『Stable Diffusion』とのよい付き合い方だと思います。

　以下に、武器や道具を生成する時に付けるとよいフレーズを掲載します。「game asset」は特に有効です。

 Prompt

　game asset, item graphic,

Section

12.2 下絵を作る

　下絵を作るのは、Windows 付属の『ペイント』で構いません。筆者は、パスで絵を描ける『Inkscape』を利用しています。一度画像を作れば、好きな解像度で出力できて便利です。

Draw Freely | Inkscape
https://inkscape.org/ja/

　『Inkscape』を利用する時は、画像サイズの白色の四角形を背景として入れておきます。そうしなければ、PNG 出力した際に背景が透明になってしまいます。

背景を白色にする

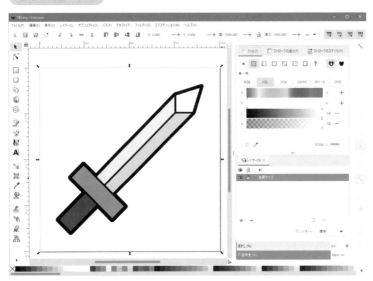

Section
12.3 実践 剣の作成

　ここでは、剣を作ります。下絵は簡単なものでよいです。以下に作成した下絵のサンプルを掲載します。輪郭を太くしている点に注目してください。

　次に、下絵を入力画像として「img2img」をおこないます。「CFG Scale」は「10」、「Denoising strength」は「0.6」で実行します。以下は呪文と出力画像です。

👍 *Prompt*

sword, (game asset), (item graphic), fantasy,
highly detailed, (concept art), (style of high fantasy),
(watercolor:1.2), (ink:1.15), (oil painting:1.1),
(bold line painting: 1.05),

| 剣 img2img 1 | 剣 img2img 2 | 剣 img2img 3 | 剣 img2img 4 |

　生成した画像から気に入ったものがあれば、その画像を入力にして再度「img2img」
をおこないます。そうすると細部を複雑にしたバリエーションを作れます。以下は、
上記の1枚目を元に生成した画像です。

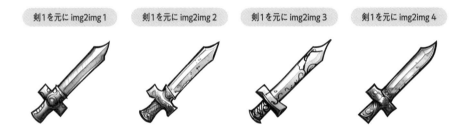

| 剣1を元に img2img 1 | 剣1を元に img2img 2 | 剣1を元に img2img 3 | 剣1を元に img2img 4 |

　出力した画像も、元画像のように輪郭が太いです。背景の白色の部分を選択して、
選択範囲を拡大して削除すれば、背景が透明なアイテム画像を得ることができます。

Section
12.4 実践 宝箱の作成

次に宝箱を作ります。以下に作成した下絵のサンプルを掲載します。かなりシンプルなものを用意しました。色を変えたり、装飾を付けたりしてもよいでしょう。

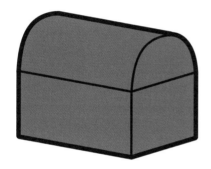

次に、下絵を入力画像として「img2img」をおこないます。「CFG Scale」は「10」、「Denoising strength」は「0.6」で実行します。以下は呪文と出力画像です。

Prompt

treasure box,
(game asset), (item graphic),
fantasy, highly detailed,
(concept art), (style of high fantasy),
(watercolor:1.2), (ink:1.15), (oil painting:1.1),
(bold line painting: 1.05),

宝箱 img2img 1 宝箱 img2img 2 宝箱 img2img 3 宝箱 img2img 4

　1枚目以外はあまり装飾が入っていません。装飾が入っている1枚目の画像を入力にして、再度「img2img」をおこないます。

宝箱1を元に
img2img 1
宝箱1を元に
img2img 2
宝箱1を元に
img2img 3
宝箱1を元に
img2img 4

　だいぶよい感じになりました。ただ、もう少し装飾を目立たせたいです。2枚目の画像を入力にして、再度「img2img」をおこないます。

宝箱1-2を元に
img2img 1
宝箱1-2を元に
img2img 2
宝箱1-2を元に
img2img 3
宝箱1-2を元に
img2img 4

　このように、何度か「img2img」を繰り返すことで、細部を複雑にしていくことができます。

Section
12.5 実践 ポーションの作成

　次はポーションを作ります。これまでとは違い、「Denoising strength」の値を変えると、どのように生成画像が変わるのかを見ていきます。「Denoising strength」は、0に近いほど元絵のままになり、1に近いほど元絵から離れていきます。

　まずは下絵です。下絵はフラスコを立てた状態にしています。斜めにするバージョンも作ったのですが、結果がよくなかったので立てた状態にしました。上手く変換ができない場合は、よくある構図にして『Stable Diffusion』が認識しやすくします。

ポーション下絵

　次は呪文です。「Negative prompt」は空です。「CFG Scale」は「7」です。

 Prompt

gothic magic potion,

```
(game asset), (item graphic),
fantasy, highly detailed,
(concept art), (style of high fantasy),
(watercolor:1.2), (ink:1.15), (oil painting:1.1),
(bold line painting: 1.05),
```

以下に「Denoising strength」が異なる画像を示していきます。

Denoising strength: 0.9

元絵の構図を残したまま、元絵からは大きく異なる画像が生成されます。1枚絵として使うのにはよいですが、切り抜いて使うのは少し難しいです。

「0.9」1　　　　「0.9」2　　　　「0.9」3　　　　「0.9」4

Denoising strength: 0.75

元絵の影響を強く残した画像もあれば、大きく離れたものもあります。

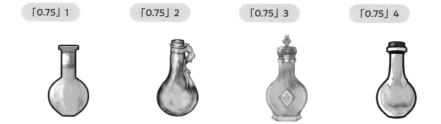

「0.75」1　　　　「0.75」2　　　　「0.75」3　　　　「0.75」4

Denoising strength: 0.65

かなり元絵に近い画像になっています。

 「0.65」1

 「0.65」2

「0.65」3

「0.65」4

Denoising strength: 0.6

元絵の形状をほぼそのまま残しています。

「0.6」1

 「0.6」2

 「0.6」3

「0.6」4

　これらの出力結果から、シルエットが重要ならば「0.6」に近い数値を、1枚絵として使いたいならば「0.9」に近い数値を使えばよいことが分かります。目的に応じて、数値を変えて生成するとよいです。

12.6 実際のゲームでの エフェクト画像の作成

　以下、『Little Land War SRPG』でエフェクト用の画像を作った時のことを書きます。ドラゴンが吐く「炎の息」の元データは、右の画像でした。

　この画像を元に、「CFG Scale」と「Denoising strength」の違いにより、多くのバリエーションを作成しました。呪文は以下で共通です。

炎の息 元画像

 Prompt

fire explosion, item graphic, fantasy, game asset,
highly detailed, (concept art), (watercolor),
(ink), (oil painting), (bold line painting), (style of high fantasy),

　以下に、実際に生成されたバリエーションのいくつかを掲載します。炎の画像のため、元画像の制約を緩めると、炎が上に向けて揺らめいてしまい制御が難しかったです。実際の画像作成では、単語による画像のイメージと、元絵による制約のバランスを取りながら、バランスを取っていく必要があります。

炎の息1

炎の息2

炎の息3

炎の息4

第

13

章

アイコンの作成

アイコンのデザインを思いつかない。
『Stable Diffusion』を使うという
手もあります。

本章では「アイコンの作成」を扱います。呪文を元に作ったアイコン
の画像をパス化して、ゲームで使える素材を作成します。

13.1 アイコンの作成について

　ゲーム用のアイコンには、リアルなものやシンボルで表されたものなど、様々なものがあります。リアルなものは前章で作った画像を元に作成すればよいので、ここでは扱いません。本章で扱うのはシンボルで表されたアイコンです。

　炎や風などのシンボルのシルエットを作り、そのパスを作成して素材として利用します。パスにすることで、様々な解像度で利用できる画像を作ることができます。ここではパス化の作業に『Inkscape』を利用します。

Draw Freely | Inkscape
https://inkscape.org/ja/

　また、『Inkscape』で作成したガイド画像を img2img に使います。下に掲載したガイド画像のグレーに見える部分には、細かなノイズが入っています。そのためノイズが入っている部分に画像が生成されます。対して白と黒の部分はほとんど変化がなく、そのまま出力されます。

アイコンのガイド

一部を拡大

　『Web UI』でアイコンの下絵を作ります。今回は「地」「水」「火」「風」の下絵を作ります。生成は何十枚か出力して、その中から使えそうなものを選別しています。実際に作る際には、統一感も考慮しなければならないために、かなり根気が必要だと思います。

　ここでは「txt2img」で出力したものと、ガイドを設けて「img2img」で生成したものを示します。いずれも「Negative prompt」は空です。「Sampling method」は「Euler a」を使いました。

火

　まずは最も簡単な「火」からです。火はかなり簡単に、イメージしやすい画像が生成されました。以下は呪文と出力画像です。

 Prompt

(fire icon:1.5),
symbol sign, icon font, vector art, flat design, flat icon, game icon,
(monotone:1.9), (black and white:1.9),

txt2img 火 1

txt2img 火 2

img2img 火 1

img2img 火 2

水

　次は「水」です。こちらは、なかなかイメージしやすい画像が生成されませんでした。そのため細かく呪文を変えながら、よさそうなイメージが出るフレーズを探すことになりました。以下は呪文と出力画像です。成功率が低いために数が少ないです。

👍 *Prompt*

(drop water icon:1.5),
symbol sign, icon font, vector art, flat design, flat icon, game icon,
(monotone:1.9), (black and white:1.9),

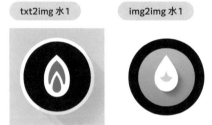

土

　次は「土」です。この呪文が最も苦労しました。大地や石や岩などでは、それらしい画像ができなかったために宝石を指定して作成しました。以下は呪文と出力画像です。「txt2img」は成功率が低かったために数が少ないです。

👍 *Prompt*

(gem:1.5),
symbol sign, icon font, vector art, flat design, flat icon, game icon,
(monotone:1.9), (black and white:1.9),

txt2img 土1

img2img 土1

img2img 土2

img2img 土3

風

最後は「風」です。風では上手く生成されなかったために嵐にしました。以下は呪文と出力画像です。成功率が低いために数が少ないです。

 Prompt

(storm:1.5),
symbol sign, icon font, vector art, flat design, flat icon, game icon,
(monotone:1.9), (black and white:1.9),

txt2img 風1

img2img 風1

13.3 パス化して素材にする

　生成した下絵を1つ選んでパス化します。「txt2img」で生成した「火」の1枚目の画像を利用します。

　『Inkscape』を起動して、画像をドロップします。画像を選択した状態で、メニューの「パス」から「ビットマップのトレース」を選択します。「ビットマップのトレース」のUIが表示されるので、「適用」ボタンをクリックします。パスが生成されます。パスの生成直後は、画像とパスが重なっているために変化がないように見えます。画像の黒い部分をクリックしてドラッグしてください。パスが生成されているのが分かります。

ビットマップのトレース

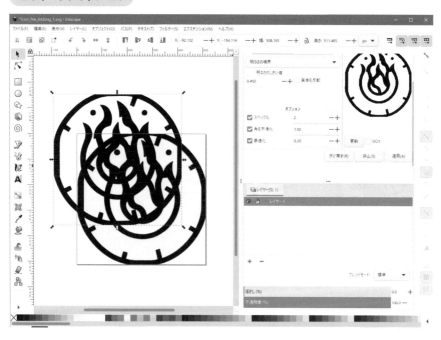

画像自体は要らないので『Inkscape』上から削除します。そして、パスの不要な部分を削除して、使う部分のみを残します。パスの操作は、ある程度『Inkscape』の習熟が必要です。先に画像編集ソフトで不要な部分を削除しておいてもよいです。下のようなパスを作成すれば、好きな解像度でシンボルを利用できます。

パスの整理

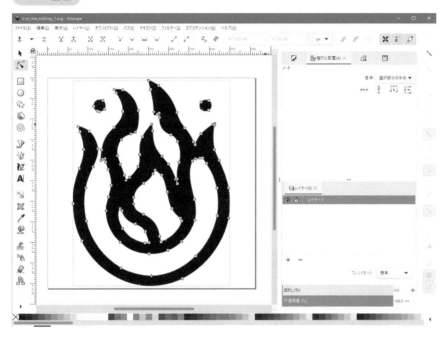

13.4 素材を利用して アイコンにする

パスの素材を利用してアイコンを作成します。『Inkscape』で土台を作り、その上に先ほど作成したパスを配置します。

土台の上に配置

出力したアイコンの画像です。『Inkscae』では、出力する画像のサイズを自由に設定できます。この方法を使えば、高解像度のアイコンも低解像度のアイコンも作れます。こうしておけば、画像サイズの仕様変更があっても出力し直すだけで対応出来ます。

完成したアイコン画像

第

14

章

絵地図の生成

**マップの全体像を絵で示したい。
工夫をすれば
『Stable Diffusion』で
実現できます。**

本章では「絵地図の生成」を扱います。
絵地図の部品作りやレイアウト、最終
的な出力までの手順を紹介します。

Section
14.1 絵地図の生成について

　ここでは、ファンタジーゲームの絵地図を生成します。山や森、湖などがイラストになった絵地図を生成できると便利です。手書きで描くのは大変だからです。

　地図は配置が重要です。ランダムな地図が得られてもあまり使い道がありません。『Stable Diffusion』をそのまま使うと、ランダムな配置の地図になりますので工夫が必要です。まずは、呪文でランダムな絵地図を生成します。数十枚出力して、山や森、湖などの描画部品が使えそうなものを選別します。ここでは配置は無視して構いません。配置は次の工程で指定します。まずはAI自身が「山」や「森」「湖」だと思っている画像の部品を得ます。

マップ部品 山　　　マップ部品 森　　　マップ部品 湖

　次に、作成した画像の山や森、湖などの部品をコピー＆ペーストして、コラージュして絵地図の入力画像を作ります。これが、AIに対しての配置の指示になります。

　なぜ、生成された画像を部品にしてコラージュするかを説明します。『Stable Diffusion』によって生成された部品は、『Stable Diffusion』自身によって山や森や湖として認識されている部品です。この部品を入力に使うことで、『Stable Diffusion』に、ここに山や森や湖を配置するのだと伝えることができます。

　こうして作った画像を入力にして「img2img」をおこないます。呪文は同じで構いません。何十枚か出力した中で、最もよくできた画像を選別します。これで絵地図を手に入れられます。また生成の際には「Negative prompt」でいくつかの単語を指定します。地図には文字やマークが入りやすいためです。それでも出てくるので、その際は不要部分を再生成するか、手作業で修正する必要があります。

本章で作成する地図の最終出力画像です。

最終出力画像

14.2 絵地図の部品を生成する

　まずは、素材としての絵地図の部品を作ります。何十枚か生成して、部品素材として使える画像を選別します。以下が今回の呪文です。「Negative prompt」は、不要物が紛れ込むのと、白黒の地図になるのを抑制するためのものです。

Prompt

(fantasy rpg map:1.3), (pictorial map:1.4), (whole land:1.3),
(extremely detailed:1.1), (concept art:1.3),
(watercolor:1.3), (ink), (oil painting:1.2), (bold line painting), realism,
(forest map:1.3), (big map parts:1.5), high fantasy,
(masterpiece), (best quality), 4k, 8k,

Negative prompt

text, error, cropped, worst quality, low quality, normal quality, jpeg artifacts, signat
ure, watermark, username, blurry, shadow, flat shading, flat color, grayscale, black
&white, monochrome, frame,

　次ページのAが、生成した中から選んだ、部品取り用の画像です。山や森などの部品が視認しやすいものを選んでいます。また、Aの画像だけでは平野部分が足りなかったので、Bの画像も素材として利用しています。素材として利用する画像は1枚だけでなく複数枚でも構いません。1枚から全ての部品が得られることは少ないです。

A: 部品取り用の画像1

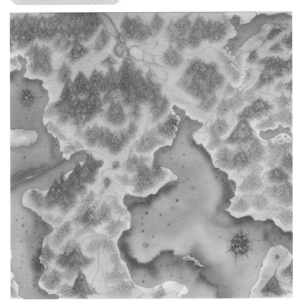

B: 部品取り用の画像2

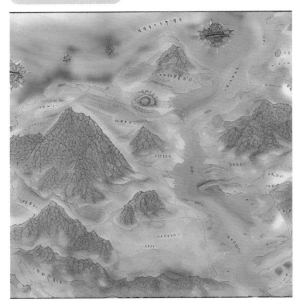

Section

14.3 絵地図の配置をおこなう

　出力した部品素材を使ってコラージュをおこないます。コラージュは画像編集ソフトを使います。まず、平野部を四角形の画像を敷き詰めて作ります。その上に、楕円形にコピーした山や森、湖を配置していきます。

　以下が実際にコラージュした画像です。このレベルの雑な画像で構いません。今回の部品は小さめです。ゲームの種類によっては、もう少し大きな山や森の部品を得てから、コラージュした方がよいでしょう。

コラージュした画像

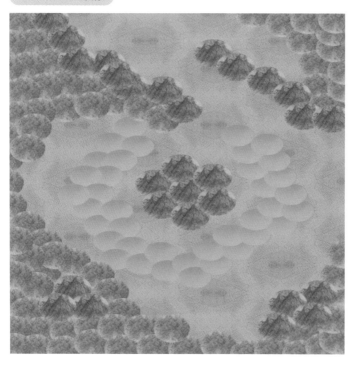

Section
14.4 絵地図を生成する

　コラージュした画像を入力に使い、「img2img」で絵地図を生成します。呪文は元の呪文と同じでよいです。最初に数枚出力して、「CFG Scale」や「Denoising strength」のバランスを確かめたあと、数十枚生成して、ベストショットを得るとよいです。

　ここでは「CFG Scale」を「10」、「Denoising strength」を「0.6」で実行します。また、部品が少し小さめに表示されていたので、「pictorial map」「big map parts」の重み付けを強くします。

Prompt

(fantasy rpg map:1.3), (pictorial map:1.6), (whole land:1.3),
(extremely detailed:1.1), (concept art:1.3),
(watercolor:1.3), (ink), (oil painting:1.2), (bold line painting), realism,
(forest map:1.3), (big map parts:1.7), high fantasy,
(masterpiece), (best quality), 4k, 8k,

　以下が出力された画像です。配置が入力画像に沿っているのが分かります。ただし完全に一致するわけではありません。もっと近付けたい時は『ControlNet』を使うのも手です。

14.5 再度 img2img にかける

　生成した画像をさらに「img2img」にかけると、それらしい画像が生成されやすいです。ここではその方法で、何種類か新しい画像を生成してみます。以下は出力された画像です。

再度img2imgを通した画像1

再度img2imgを通した画像2

再度img2imgを通した画像3

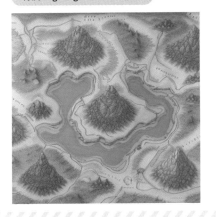

再度img2imgを通した画像4

14.6 Inpaint で修正する

　生成した絵地図の画像には、文字の欠片のような黒い点や模様が含まれていることが多いです。こうした部分は、「img2img」の「Inpaint」タブを使うことで除去できます。「Inpaint」では、画像の一部だけを再生成して馴染ませることができます。

　「img2img」の「Inpaint」タブで画像を読み込み、修正したいところをペンで塗りつぶします。そして「Mask blur」の値を「10」程度にして、生成時と同じ呪文を入力して「Generate」ボタンを押します。10 枚に 1 枚ほどの割合で、上手くゴミが除去できた画像が生成できます。

Inpaint

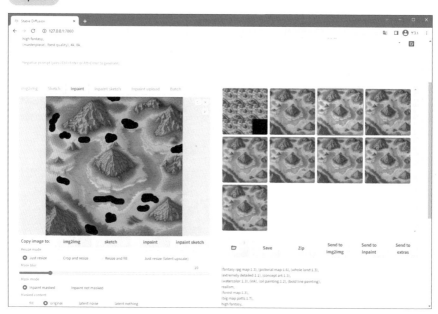

実際に出力した画像です。ある程度ゴミが除去できているのが分かります。まだ気になるようなら、出力された画像を利用して、同じ作業を繰り返すとよいです。

ゴミを除去した画像

14.7 実際のゲームでの 絵地図の作成

　以下、『Little Land War SRPG』でキャラクターを作った時のことを書きます。初めはランダムで絵地図を作り、ほぼそのまま利用していました。1枚目はその頃のものです。

初期の絵地図

　2枚目は本章の手法でコラージュしたものです。この画像をもとに、大量の画像を生成しました。

コラージュした画像

得られた「生成画像」です。ゲームの進行に合わせた内容になりました。

生成画像

若干暗かったので画像編集ソフトで色味を変更して、ゲームの縦横比に合わせました。最終的に使用した画像が「使用画像」です。

使用画像

　こうした画像を素人が描くのは難しいです。『Stable Diffusion』を利用すれば、絵を描くことに慣れていない人でも、ゲーム用の絵地図を作ることができます。

　今回作ったような地図以外にも、様々なタイプの地図を『Stable Diffusion』で作ることができます。生成した例を掲載します。

地図1

地図2

地図3

地図4

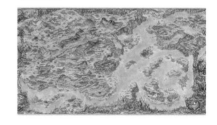

第

15

章

UI部品の
テクスチャの生成

**ダイアログやウィンドウ、
ボタンのテクスチャ。
『Stable Diffusion』を使い、
UI部品を作成しましょう。**

本章では「UI部品のテクスチャの生成」を扱います。ウィンドウ
やダイアログ、ボタンに使う画像を作成します。ウィンドウ、
ダイアログ、ボタンの背景や枠、そうしたテクスチャを生成
することは、ゲーム開発の場ではよくあります。ここではUI
部品の背景と枠の生成をおこないます。また、それらを組み
合わせて、9Slice用の画像を作成します。

　UI 背景用のテクスチャを作る場合は、「繰り返しテクスチャ」を作るか、「引き延ばすテクスチャ」を作るかで設定が変わります。繰り返す場合は『Web UI』の「Tiling」のチェックボックスをオンにします。また、引き延ばす場合は明確な形が分かる模様を避けて、木目のように伸びても目立たない画像を作ります。

　まずは、木目を利用してテクスチャを作る例です。

　以下は呪文です。

Prompt

(cream texture:1.3), light cream yellow, (wooden board texture:1.4),

　下の A は生成された画像です。生成した画像には、板の区切れ目の横線が何本か入っていました。こうした線をなくしたい場合は、画像拡大 AI で拡大したあと使う部分のみを切り抜くとよいです。B は拡大後にトリミングした画像です。

| A: 木目の画像 | B: 拡大後にトリミング |

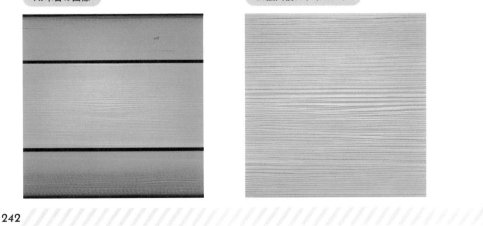

次は、ざらっとした質感のテクスチャを作ります。このあとの 9slice 画像を作る作業では、こちらで生成したテクスチャを利用します。以下は、鉄のパネルを作る呪文と出力画像です。

 Prompt

(gray color texture:1.5), (iron flat panel texture:1.2),
highly detailed, (concept art), (watercolor), (ink), (oil painting),
(style of high fantasy),

鉄のパネル

Section
15.2 UI 枠の生成

枠そのものを作ろうとすると、かなり難しいです。枠の画像を得るには、トレーディングカードゲームのカードを作り、内側をくりぬいて使うとよいです。

以下は、ファンタジー風のカードゲームの裏面を作る呪文の一例と出力画像です。

 Prompt

(one fantasy square card:1.7),
(symmetrical perfect square card:1.7), (back of card:1.5),
pixiv ranking 1st, artstation,
masterpiece, best quality, extremely detailed, 4k, 8k, concept art,
watercolor, ink, oil painting, bold line painting,
bright color contrast, realism, (fantasy rpg:1.2), (high fantasy:1.2),
cinematic postprocessing, sharp focus, digital painting,

カード裏1

カード裏2

カード裏3

カード裏4

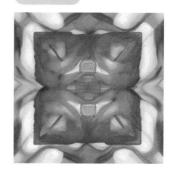

　上記は公式の学習モデル、2.1 で作成したものです。異なる学習モデルで生成した画像も示します。下は「derrida_final.ckpt」を使って生成したものです。学習モデルによって、出力される画像は大きく変わります。

カード裏1

カード裏2

カード裏3

カード裏4

15.3 9Slice 用画像の作成

　作成した UI 背景と UI 枠を組み合わせて、9Slice 用の画像を作成します。9Slice とは画像を 9 分割して、周囲は枠として、内側はボタンやウィンドウの背景として利用するための方式です。ゲーム開発ではよく出てきます。以下の 5 以外の部分が枠になります。5 の部分が内側になります。

9Slice 用画像

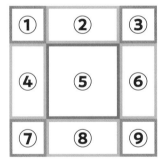

　縦横の比率やサイズを変えた場合は、4 隅(1、3、7、9)のサイズは固定で、その他の場所が伸縮したり、タイルのように繰り返されたりして変形します。たとえば Unity では、伸縮させるか繰り返すかをツールで指定できます。

9Slice用画像の伸縮

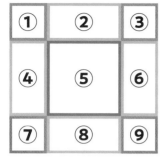

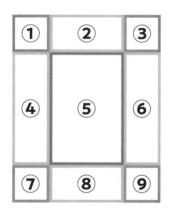

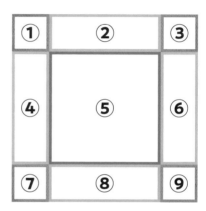

それでは、実際に作成していきましょう。枠の部分（5以外の部分）で利用する画像はAです。AI画像拡大で2倍の解像度にしています。内側部分（5の部分）で利用する画像はBです。こちらはサイズを拡大していません。

A: 枠用の画像

B: 内側用の画像

まずは、作業１です。枠の部分を読み込んで９分割します。９分割する際は、同じ比率で分ける必要はないです。枠として利用できる部分で分割します。

作業1

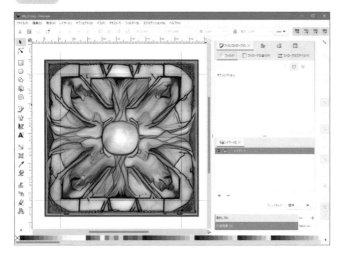

作業２では、内側の部分を削除します。

作業2

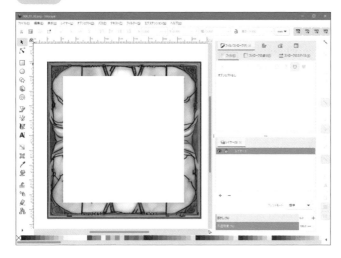

作業3では、枠の部分の比率をゲームで使う比率に整えます。このように枠の部分は縮尺を変えて使うので、ぴったりのサイズで枠を生成する必要はありません。

作業3

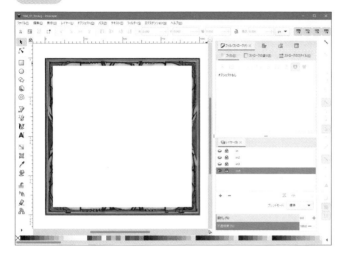

作業4では、内側の画像を配置します。グレースケールの画像ですが、あとで色を付けるので大丈夫です。このレイヤーのブレンドモードを「焼き込み」にしておきます。

作業4

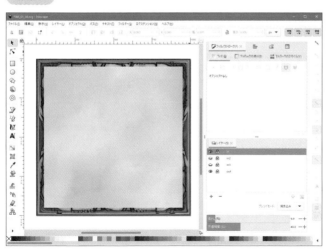

作業5では、内側の画像を置いたレイヤーの下に、色付きのレイヤーを配置します。

作業5

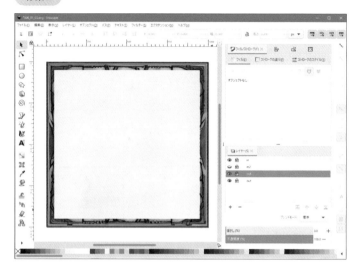

作業6では、先ほどの色付きレイヤーをコピーして境界をぼかします。そうすると見栄えがよくなります。

作業6

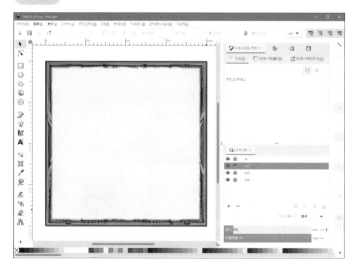

出力した画像です。このように作成した画像を、Unity などの 9slice 用の画像として利用できます。

完成画像

Section
15.4 実際のゲームでの UI 部品の作成

　以下、『Little Land War SRPG』で UI 部品を作った時のことを書きます。『Little Land War SRPG』では、UI 部品として「ボタンの土台」「ダイアログの土台」「情報パネルの土台」「台詞パネルの土台」の 4 種類を用意しています。基本色の違いと、サイズと枠の太さの違いで 4 種類あります。内側の部分は共通で色だけ変えています。

- ●ボタンの土台：　　　基本色は灰色。サイズが小さい。枠が細い。
- ●ダイアログの土台：基本色は灰色。サイズが大きい。枠が太い。
- ●情報パネルの土台：基本色は黄色。サイズが小さい。枠が細い。
- ●台詞パネルの土台：基本色は黄色。サイズが大きい。枠が太い。

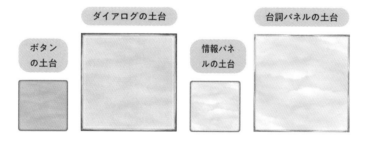

　枠が細い「ボタンの土台」「情報パネルの土台」では、枠の部分に AI 画像を使わずに『Inlscape』で角丸の線を引いています。枠が太い「ダイアログの土台」「台詞パネルの土台」では、本章で紹介した方法で枠を付けています。サイズや用途によって、AI 画像で枠を付けるか、直接枠を描くか変えるとよいでしょう。

Section
15.5 実際のゲームで AI を使わなかった画像

　ゲームでは、全ての画像素材を AI で作っているわけではありません。『Little Land War SRPG』では、全て自分で画像を作ったあと、必要な部分だけ AI 画像に差し替えていきました。AI にも得意、不得意があるので、全てを任せようとすると、かえって大変です。何が得意で、何が不得意と判断したかが分かりやすいように、AI を使わなかった画像の一部を紹介します。これらは全て『Inkscape』で作成しています。

　まずは、戦場マップ用の画像です。プログラムで並べてゲーム用のマップを作らないといけないので、ドット単位で位置が合っている必要があります。こうした細かな操作は AI には向かないので自分で作成した画像を使いました。

`戦場マップ`

　次は戦場でのユニット画像です。種類が多く、規格が揃っている必要があります。ゲームを開発していた時には『ControlNet』がまだ登場していませんでした。今ならば、1 キャラ分作って『ControlNet』でバリエーションを作る方がよいかもしれません。以下は、戦士が歩行している画像です。手と足が動いています。こうした画像を、キャラクターの数だけ作成しています。

　ユニットの状態アイコンも人手で描いています。こうした小さなマークは自分で描いた方が簡単です。全てを AI で作ろうとするのではなく、適材適所で使い分けた方がよいです。

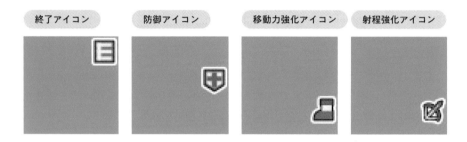

| 終了アイコン | 防御アイコン | 移動力強化アイコン | 射程強化アイコン |

　『Stable Diffusion』などの画像生成 AI はあくまでも道具にすぎません。どういったゲーム画面にしたいのか、どうやれば開発が効率的になるのか、そうしたことを考えながら使う場所を決めていくとよいです。

第 **16** 章

ChatGPT との連携1
画像に添える文書の生成

画像生成と文章生成の連携。
『Stable Diffusion』と『ChatGPT』を
使い、ゲーム用の文章素材を作成しましょう。

本章では画像生成AIと文章生成AIの連携を扱います。ここでは『Stable Diffusion』と『ChatGPT』を横断して、ゲーム用の文章素材を作成します。

16.1 ChatGPT とは

『ChatGPT』は、OpenAI 社が 2022 年 11 月に公開した人工知能チャットボットです。GPT は「Generative Pre-trained Transformer（事前にトレーニングされた生成トランスフォーマー）」の意味を持ちます。まるで人間のように会話することができ、人間では時間のかかるテキスト操作を短時間でおこなってくれます。

ChatGPT | OpenAI
https://chat.openai.com/auth/login

『ChatGPT』は Web サービスとして提供されています。本書執筆時点では、ユーザー登録することで GPT-3.5 ベースのサービスを無料で利用できます。また有料版では、より長い文章の生成や複雑なテキスト操作をおこなえる GPT-4 ベースのサービスを利用できます。この AI は、ネット上の大量のデータをもとに学習しており、様々な質問に素早く詳しく答えてくれます。しかし万能ではないために、ときに嘘を吐いたり、支離滅裂なことを言ったりもします。

『ChatGPT』の技術は、Microsoft 社の『Bing AI』にも応用されています。『Bing AI』では、GPT-4 ベースの技術が使われているとされています。『Bing AI』はいろいろな制約が課されており生成できる文章の幅が狭くなっています。しかし『ChatGPT』の無料版ではおこなえない、最新のネット情報をもとにした文章生成が可能になっています。

本章では『ChatGPT』の無料版を利用して、『Stable Diffusion』と横断的に使い、ゲーム用の文章データを生成していきます。『ChatGPT』の呪文（Prompt）と、出力結果を掲載しながら、勘所も説明していきます。こうした手法は、『ChatGPT』以外の文章生成 AI にも応用が利くでしょう。

Section
16.2 背景画像に添える文書を生成する

　ゲームでは新しいシーンに移動した場合、1枚絵でシーンを見せるだけでなく、場面説明のテキストを添えることがあります。アドベンチャー系のゲームや、ノベル系のゲームだけでなく、会話シーンがあるシミュレーションRPGなどでもこうしたテキストが必要になることがあります。ここでは以下の手順で、そうした文章データを作成していきます。

1. 背景画像の参考にする写真を入手する。
2. 『WebUI』の「img2img」の「Interrogate DeepBooru」を利用して、写真から呪文を生成する。
3. 呪文から、ゲーム用の背景画像を生成する。
4. 呪文と『ChatGPT』を利用して、そのシーンを紹介する小説風文章を生成する。

　それでは、順番に進めていきましょう。

写真からの呪文の取得と画像の生成まで

　参考にする画像は、無料写真素材サイト「ぱくたそ」でダウンロードした「中岳稜線から見る槍ヶ岳の写真」です。

中岳稜線から見る槍ヶ岳の写真

 中岳稜線から見る槍ヶ岳の無料写真素材 - ID.85541 ｜ぱくたそ
https://www.pakutaso.com/20230444107post-46263.html

　ダウンロードした画像を、『WebUI』の「img2img」タブにドロップします。そして「Interrogate DeepBooru」ボタンを押します。その結果、入手した「Prompt」は以下になります。

 Prompt

cloud, cloudy_sky, day, forest, horizon, lake, landscape, mountain, mountainous_
horizon, nature, no_humans, ocean, outdoors, river, scenery, sky, snow, tree, wat
er, waterfall

「Interrogate DeepBooru」で入手した「Prompt」はアルファベット順になっており重要度順にはなっていません。そのためこの単語のリストを重要と思われる順番に並べ換えます。また、不要と思われる単語（snow, cloud, cloudy_sky）を除去します。そして「sky」を「blue sky」に換えて最終的な「Prompt」にします。以下は呪文と出力画像です。この中から1枚目の「山岳地帯1」をゲームに使うものとします。

Prompt

landscape, nature, outdoors, scenery, no_humans,
mountain, mountainous_horizon,
forest, tree,
lake, river, water, waterfall, ocean,
horizon,
day, blue sky,

山岳地帯1 txt2img

山岳地帯2 txt2img

山岳地帯3 txt2img

山岳地帯4 txt2img

ChatGPTの利用　シーン紹介文の生成

　先ほど画像生成に利用した呪文は、絵をイメージ通りに作るためのものであり、実際にその場に存在しない単語（ocean）も含まれていました。そうした単語を抜いた文章生成用の入力文字列を作成します。また、この入力文字列を使い、『ChatGPT』用の呪文を作成します。

　作成した『ChatGPT』用の呪文は以下です。

 Prompt

制約：
- あなたは、映画のシーンの説明文を書きます。
- 日本語の小説の文体で書きます。
- 断定的な文末で書きます。
- 全体で、300字以内で書いてください。
- この制約に必ず従ってください。

質問：
以下の " 資料 " の単語を日本語にして、その情景が含まれる情景描写を、小説風に書いてください。

資料：
landscape, nature, outdoors, scenery, no_humans, mountain, mountainous_horizon, forest, tree, lake, river, water, waterfall, horizon, day, blue sky,

　『ChatGPT』用の呪文は、長い文章で書くよりも、見出しを持った箇条書きで書いた方が上手くいきます。ここでは「制約」「質問」「資料」の3つの見出しを用意しました。「制約」で出力の条件を定義して、「質問」で大まかな指示を出し、「資料」で入力文字列を定義しています。箇条書きは「-（ハイフン、半角スペース）」でおこなうとよいです。

　この呪文の結果、出力されたテキストを以下に示します。このような「シーンを紹介する文章」を機械的に生成することができます。大量に作った背景画像にテキストを添えたい場合には、こうした手法が役に立ちます。

Output

風が草原を吹き抜け、広大な風景が目前に広がる。自然の息吹が満ち溢れ、青空が広がる。人影はなく、ただ自然の中にただようのみ。山々は遠くに連なり、その輪郭が水平線に美しく溶け合う。森は静謐な美しさを纏い、木々がそっと頭上を覆う。湖の水面は煌めき、川は穏やかな流れをたどる。そして、遥か遠くからは滝の轟音が聞こえる。この光景は、まさに大自然の絶景だ。

『ChatGPT』の出力も、『Stable Diffusion』の出力と同じようにランダム性があります。現在のチャットを削除して、新しいチャットを始めれば、同じ呪文でも違う結果を得ることができます。気に入らない場合は、何度か削除してやり直すとよいでしょう。削除は、チャットのリストをクリックすると表示されるゴミ箱ボタンを押し、チェックマークの決定ボタンを押すことでおこなえます。

また、『ChatGPT』用の呪文を変えると、生成されるテキストも変わります。「豪華絢爛な文体」と指示して、再度同じ入力文字列で文章を生成してみましょう。文章が大きく変わっているのが分かります。

 Prompt

制約：
- あなたは、映画のシーンの説明文を書きます。
- 日本語の小説の文体で書きます。
- 断定的な文末で書きます。
- 全体で、300字以内で書いてください。
- この制約に必ず従ってください。

質問：
以下の「資料」の単語を日本語にして、「資料」の情景が含まれる情景描写を、豪華絢爛な文体の小説風に書いてください。

資料：
landscape, nature, outdoors, scenery, no_humans, mountain, mountainous_horizon, forest, tree, lake, river, water, waterfall, horizon, day, blue sky,

湖畔に広がる美しい風景が眼前に広がる。壮大な山々が地平線を彩り、草木に囲まれた森が深く広がっている。碧い空には一片の雲もなく、まるで穹蒼の絨毯のようだ。湖の水面は透明度が高く、その奥に映し出される山々はまるで別世界のようだ。木々の葉が微かに風に揺れ、鳥たちの囁きが静寂を彩る。湖からは遠く、山々の頂から湧き出る滝の水音が聞こえる。

人の手が加わっていないこの自然の美しさに、胸が高鳴る。自然が織りなす調べに心を奪われ、私はただただ感動に浸る。これぞ美しい情景、自然の奇跡に違いない。私はただ黙ってその光景を眺め、自然の中でひとときの安らぎを感じる。この豊かな大地の贈り物に感謝し、心が満たされていく。

Section
16.3 キャラクターに添える 文章を生成する1

ここではキャラクターに添える文章を生成します。最初の例は女性キャラです。

学習モデルは「derrida_final.ckpt」を使います。横幅と高さは512、「Sampling method」は「Euler」を利用します。呪文は以下を利用して、画像をいくつか生成します。また生成した画像から1枚を選びます。

 Prompt

```
masterpiece, best quality, extremely detailed,
concept art,  sharp focus, realism, 8k,
(artstation:1.5), (deviantart:1.4), (pixiv ranking 1st:1.3),
(style of high fantasy:1.2),
(style of granblue fantasy:1.2),
(style of genshin impact:0.9),
(witch:1.2), (short hair:1.2), (laxualy jeweled robe:1.2),
solo fantasy kawaii cute girl,
beautiful perfect symmetrical face,
small nose and mouth, aesthetic eyes,
bust shot,
(dark green hair:1.5), (crimson red robe:1.5),
```

 Negative prompt

```
bad anatomy, bad hands, text, error, missing fingers, extra digit, fewer digits, crop
ped, worst quality, low quality, normal quality, jpeg artifacts, signature, watermark,
username, blurry, missing fingers, missing arms, long neck, humpbacked, shadow,
flat shading, flat color, grayscale, black and white, monochrome,
```

この画像を『WebUI』の「img2img」タブにドロップします。そして「Interrogate DeepBooru」ボタンを押します。その結果、入手した「Prompt」は以下になります。

 Prompt

1girl, bangs, book, closed_mouth, gem, green_hair, hat, jewelry, looking_at_viewer, portrait, red_background, red_headwear, short_hair, smile, solos

この中から不要と思われる単語(1girl、looking_at_viewer、portrait、red_background、solos)を除去して『ChatGPT』用の入力文字列を作ります。作成した『ChatGPT』用の呪文は以下になります。

Prompt

制約：
- あなたは、ファンタジーゲームのキャラクター紹介文を書きます。
- 日本語の小説風の文体で書きます。
- 詳細な描写をおこないます。
- 断定的な文末で書きます。
- 過去形で書きます。
- 全体で、300字以内で書いてください。
- "資料"の単語の順番は無視します。
- この制約に必ず従ってください。

質問：
以下の"資料"の単語から連想されるキャラクターの紹介文を書いてください。

資料：
girl, bangs, book, closed_mouth, gem, green_hair, hat, jewelry, red_headwear, short_hair, smile

　背景同様に、「制約」「質問」「資料」の3つの見出しを用意しました。ポイントとしては「"資料"の単語の順番は無視します」の一文が入っていることです。こうした項目を入れないと、単語を順番に使おうとしてぎこちない文章になってしまいます。
　この呪文の結果、出力されたテキストを以下に示します。大量のキャラクターがいる場合には、こうした方法で工数を稼ぐことができます。

 Output

彼女は短い髪と前髪を持つ少女だった。緑の髪が彼女の頭上で軽く揺れている。彼女は真っ赤な帽子を身につけ、閉じた口元から微笑んでいた。彼女は手に本を持ち、大切そうに見つめている。その本には古代の秘密が詰まっているのだろう。彼女の指には宝石が輝いている。ジュエリーが彼女の魅力を引き立てていた。彼女は一見、内気で物静かに見えるかもしれないが、彼女の瞳には知識と冒険への渇望が宿っている。この少女はまるで魔法の世界から飛び出してきたように美しい存在だ。

Section
16.4 キャラクターに添える 文章を生成する 2

　ここではキャラクターに添える文章を生成します。次の例は男性キャラです。

　学習モデルは「derrida_final.ckpt」を使います。横幅と高さは 512、「Sampling method」は「Euler」を利用します。呪文は以下を利用して、画像をいくつか生成します。「Negative prompt」は、女性キャラと共通です。生成した画像から 1 枚を選びます。

Prompt

masterpiece, best quality, extremely detailed,
concept art, sharp focus, realism, 8k,
(artstation:1.5), (deviantart:1.4), (pixiv ranking 1st:1.3),
(style of high fantasy:1.2),
(style of granblue fantasy:1.3),
(style of genshin impact:0.4),
(knight:1.2), (combed-back-hair:1.2), extremely detailed armor,
solo fantasy man,
(older age man: 0.8), (wild guy:0.9), (bitter uncle:0.7),
(muscle body:0.9), (muscular:0.9),
bust shot,
(dark blue hair:1.5), (silver armor:1.3),

男性キャラ txt2img

　この画像を『WebUI』の「img2img」タブにドロップします。そして「Interrogate DeepBooru」ボタンを押します。その結果、入手した「Prompt」は以下になります。

Prompt

1boy, armor, blue_hair, brown_eyes, facial_hair, grey_background, long_hair, looking_at_viewer, male_focus, pauldrons, pointy_ears, portrait, shoulder_armor, simple_background, solo, upper_body

　この中から不要と思われる単語（1boy、grey_background、looking_at_viewer、male_focus、simple_background、solo、upper_body）を除去します。また今回は、画像生成時の呪文からいくつかの単語（knight、combed-back-hair、armor、wild

guy、bitter uncle、muscle body、muscular、dark blue hair、silver armor）を加える
ことにします。そして単語の重複を除き、順番を整理して『ChatGPT』用の入力文字列
を作ります。

　作成した『ChatGPT』用の呪文は以下になります。また、この呪文の結果、出力され
たテキストを以下に示します。

制約：
- あなたは、ファンタジーゲームのキャラクター紹介文を書きます。
- 日本語の小説風の文体で書きます。
- 詳細な描写をおこないます。
- 断定的な文末で書きます。
- 過去形で書きます。
- 全体で、300字以内で書いてください。
- " 資料 " の単語の順番は無視します。
- この制約に必ず従ってください。

質問：
以下の " 資料 " の単語から連想されるキャラクターの紹介文を書いてください。

資料：
knight, combed-back-hair, armor, wild guy, bitter uncle, muscle body, muscular, dark blue
hair, silver armor, brown_eyes, facial_hair, long_hair, pauldrons, pointy_ears, shoulder_arm
or

彼は銀の鎧に身を包んだ、凛とした騎士だ。髪は濃い青に染められ、後ろになめら
かに寄り添うように整えられている。顔立ちは野性味に満ち、筋骨隆々とした体躯
はまさに鋼のようだ。彼は厳つい髭を蓄えており、暗い茶色の目は一層彼の凛々し
さを引き立てる。彼は長い髪を揺らしながら、力強い足音を響かせて歩く。肩には
厚いプレートがあり、尖った耳が銀の鎧から覗いている。彼はまさに、闇夜に輝く
銀の騎士である。

第

17

章

ChatGPT との連携2
キャラクター設定と会話の生成

画像生成と文章生成の連携。
『Stable Diffusion』と『ChatGPT』を使い、ゲーム用
のキャラクター設定と会話データを作成しましょう。

本章では画像生成AIと文章生成AIの連携を扱います。ここでは前章
のデータを利用して、キャラクター設定と会話データを作成します。

前章で作成した女性キャラクターのデータをもとに、キャラクター設定を
『ChatGPT』で生成します。まずは短めの設定を生成するバージョンです。

 Prompt

制約：
- あなたは、ファンタジーゲームのキャラクター設定を書きます。
- キャラクターの人物背景および性格を深く考察します。
- "キャラクター名"、"人物背景"、"性格"、"外見"、"特徴"についてそれぞれ詳しく書きます。
- 日本語の箇条書きで書きます。
- 断定的な文末で書きます。
- この制約に必ず従ってください。

質問：
以下の"資料"の文章から、キャラクターの設定を考えて書いてください。

資料：
彼女は短い髪と前髪を持つ少女だった。緑の髪が彼女の頭上で軽く揺れている。彼女は真っ赤な帽子を身につけ、閉じた口元から微笑んでいた。彼女は手に本を持ち、大切そうに見つめている。その本には古代の秘密が詰まっているのだろう。彼女の指には宝石が輝いている。ジュエリーが彼女の魅力を引き立てていた。彼女は一見、内気で物静かに見えるかもしれないが、彼女の瞳には知識と冒険への渇望が宿っている。この少女はまるで魔法の世界から飛び出してきたように美しい存在だ。

以下は出力されたテキストです。

Output

キャラクター設定：
キャラクター名：エメラルド・アイヴィーン（Emerald Ivyen）

人物背景：
エメラルドは、魔法の世界で生まれ育った魔術師の一族に生まれた少女である。
彼女の家族は代々、古代の秘密や魔法の力を研究し、世界のバランスを保つ使命を担っていた。
幼い頃から本と魔法に囲まれた環境で育ち、祖先から受け継いだ知識と冒険への渇望を持って成長してきた。

性格：
エメラルドは内気で物静かに見えるが、内に秘めた情熱と強い意志を持っている。
彼女は非常に好奇心が旺盛で、知識を追求することに情熱を傾ける。
冒険心も旺盛であり、新たな発見と経験を求めて、魔法の世界を探検することを夢見ている。
謙虚さと優しさを兼ね備えており、他者を思いやる心を持っている。

外見：
エメラルドは短い髪と前髪を持つ少女である。
彼女の髪は緑色であり、頭上で軽く揺れている。
彼女は真っ赤な帽子を身につけており、閉じた口元から微笑んでいる。
手には一冊の本を持っており、その本には古代の秘密が詰まっているとされている。
彼女の指には輝く宝石があり、ジュエリーが彼女の魅力を引き立てている。

特徴：
エメラルドは魔法の力を操ることができる。
彼女の眼には知識と冒険への渇望が宿っており、魔法の世界における賢者のような存在と言える。
彼女は直感力に優れており、複雑な魔術のパズルや謎解きにも長けている。
魔法の知識と冒険への渇望を組み合わせることで、新たなる魔法の力や呪文を創り出す才能を持っている。
エメラルドは孤独な時間を好み、自分自身と向き合うことで魔法の力を深める。
彼女の精神的な強さと忍耐力は、困難な試練に立ち向かう際に役立つ。
彼女は常に冷静であり、感情に左右されることなく合理的な判断を下すことができる。
エメラルドの周りには自然界との強い結びつきを感じさせるオーラが漂っている。
彼女の存在自体が魔法の世界のバランスを保つ一翼を担っていると信じられている。

次は長めの設定を生成するバージョンです。「形式」という新しい見出しを追加しています。

 Prompt

制約：
- あなたは、ファンタジーゲームのキャラクター設定を書きます。
- キャラクターの人物背景および性格を深く考察します。
- "形式"の各項目について、それぞれ詳しく書きます。
- 日本語の箇条書きで書きます。
- この制約に必ず従ってください。

質問：
以下の"資料"の文章から、キャラクターの設定を"形式"の形式で書いてください。

資料：
彼女は短い髪と前髪を持つ少女だった。緑の髪が彼女の頭上で軽く揺れている。彼女は真っ赤な帽子を身につけ、閉じた口元から微笑んでいた。彼女は手に本を持ち、大切そうに見つめている。その本には古代の秘密が詰まっているのだろう。彼女の指には宝石が輝いている。ジュエリーが彼女の魅力を引き立てていた。彼女は一見、内気で物静かに見えるかもしれないが、彼女の瞳には知識と冒険への渇望が宿っている。この少女はまるで魔法の世界から飛び出してきたように美しい存在だ。

形式：
キャラクター名：
ニックネーム：
一言紹介：
短期的動機：
長期的動機：
原因のエピソード：
読者の共感ポイント：
人柄、性格：
人柄、性格のエピソード：
善行：
悪行：
強み、長所：
弱み、欠点：
弱点のエピソード：
顔、表情、髪型：
体格：

服装：

身体的特徴：

知的特徴：

性格的特徴：

特技、趣味：

職業：

現在の社会階層：

出身の社会階層：

家族：

学歴、略歴：

住居、生活：

癖、仕草、性癖：

執着（事、物、他）：

　以下は出力されたテキストです。実際には、一度では出力できず、途中で途切れています。出力が途中で途切れた場合は「続けて」と入力して実行すると、続きを出力してくれます。

Output

キャラクター名：葵（あおい）

ニックネーム：-

一言紹介：魔法の世界から飛び出てきたように美しい少女で、内に秘めた知識と冒険への渇望を持つ。

短期的動機：古代の秘密が詰まった本の謎を解き明かすこと

長期的動機：冒険と新たな知識を追求し、魔法の世界で存在感を示すこと

原因のエピソード：幼い頃、祖母から古代の秘密が詰まった本を受け継ぎ、その魅力に引かれるようになった。祖母の物静かな冒険譚を聞くうちに、彼女自身も冒険への渇望を抱くようになった。

読者の共感ポイント：彼女の内に秘めた知識と冒険への渇望に共感し、彼女と一緒に新たな世界を探求したくなる。

人柄、性格：内向的で物静かに見えるが、知識と冒険への渇望を持ち、探求心旺盛な一面を持つ。瞳には輝きがあり、好奇心と情熱を秘めている。

人柄、性格のエピソード：彼女は本を通じてさまざまな知識を吸収し、他の人に教えることで喜びを感じる。時折、静かな場所で本と向き合うことがあり、そんな彼女の姿に触れた人々は彼女の熱意に感銘を受ける。

善行：知識を共有し、人々の目を新たな発見に開かせること。困っている人を助ける

こと。

悪行：悪意のある行為や他者を傷つけることはないが、冷静な判断力に欠けることがある。

強み、長所：好奇心旺盛で、知識の吸収と学習能力に優れる。また、人々に対して優しく思いやりがあり、助けることを大切にする。

弱み、欠点：冒険に飛び込む前に熟考することが苦手で、感情に流される傾向がある。

弱点のエピソード：ある冒険で、彼女は感情的な決断を下してしまい、結果として危険な状況に陥ってしまった。この経験から、彼女は冷静な判断力の重要性に気付くこととなった。

顔、表情、髪型：緑の髪を持つ少女で、短く切られた髪と前髪が特徴的。彼女の表情は閉じた口元から微笑んでおり、穏やかで優しさがにじみ出ている。

体格：平均的な身長と華奢な体つきをしている。

服装：真っ赤な帽子を身に着け、洋書に覆われたロングドレスを着用している。冒険に適した動きやすい服装を選ぶことが多い。

身体的特徴：手に宝石を輝かせた指を持ち、ジュエリーが彼女の魅力を引き立てている。

知的特徴：幅広い知識を持ち、古代の秘密や魔法に関する情報に精通している。また、旅先での観察力や推理力も備えている。

性格的特徴：好奇心旺盛で冒険心があり、新たな知識や経験を求める一方、他人に対しても思いやりを持って接する。自身の知識を共有することで人々を魅了し、教えることに喜びを感じる。

特技、趣味：魔法の研究と実践、冒険の計画立て、読書、古代の秘密の解明、人々への教育活動。

職業：冒険者として、魔法の研究者、知識の伝承者。

現在の社会階層：魔法の世界では有名な冒険者であり、知識の専門家としても一目置かれている。

出身の社会階層：一般的な家庭出身で、特別な社会的地位は持っていない。

家族：祖母との二人暮らしで、祖母は冒険者としての経験と知識を彼女に伝えてきた。

学歴、略歴：魔法学院で学び、魔法と古代の知識に関して深く探求した。卒業後は冒険者として活動し、数々の冒険と知識の獲得を積んできた。

住居、生活：魔法の世界にある小さな村に住んでおり、祖母の家を拠点としている。日々、本と向き合いながら魔法の研究や新たな冒険の計画を立てている。

癖、仕草、性癖：話すときに手を使いながら説明する癖があり、考え事をするときには髪をくるくると指で巻く仕草がある。好奇心が旺盛なため、見知らぬ場所や珍しいものに対しては目を輝かせる。

執着（事、物、他）：彼女の最大の執着は知識であり、それを追求することに生きがいを感じている。また、祖母から受け継いだ本や宝石も彼女にとっては大切な存在であり、常に身に着けている。

Section 17.2 キャラクター設定を生成する2

前章で作成した男性キャラクターのデータをもとに、キャラクター設定を『ChatGPT』で生成します。呪文は「キャラクター設定を生成する1」と資料だけが違います。差分の資料を以下に示します。

資料：
彼は銀の鎧に身を包んだ、凛とした騎士だ。髪は濃い青に染められ、後ろになめらかに寄り添うように整えられている。顔立ちは野性味に満ち、筋骨隆々とした体躯はまさに鋼のようだ。彼は厳つい髭を蓄えており、暗い茶色の目は一層彼の凛々しさを引き立てる。彼は長い髪を揺らしながら、力強い足音を響かせて歩く。肩には厚いプレートがあり、尖った耳が銀の鎧から覗いている。彼はまさに、闇夜に輝く銀の騎士である。

以下は出力されたテキストです。まずは「短めの設定」の出力結果です。そのあとに「長めの設定」の出力結果を掲載します。

キャラクター設定：
キャラクター名：セイバー

人物背景：
セイバーは古代の騎士の血を引く者である。彼は若き日に厳しい修行を積み、騎士道の真髄を体得した。彼の祖先は伝説の騎士団の一員であり、その名声と誇りは代々受け継がれてきた。彼は銀の鎧という家族の遺産を身にまとい、正義と勇気を胸に秘めて世界を守る使命を果たす。

性格：
セイバーは凛とした騎士の風格を備えている。彼は誠実で正義感が強く、常に真実と正義を追求するために戦う。彼の中には一種の静けさと優雅さがあり、どんな困難にも屈しない意志の強さを持っている。彼は情熱的でありながらも冷静な判断力を持ち合わせており、冷酷な闘士のような一面も持つ。他者を守ることを第一とし、そのためには自己犠牲も辞さない覚悟を持っている。

外見：
セイバーは銀の鎧に身を包んでいる。彼の髪は濃い青で染められ、整えられた後ろ髪はなめらかに寄り添っている。彼の顔立ちは野性味に満ちており、筋骨隆々とした体躯はまさに鋼のような強さを感じさせる。彼は厳つい髭を蓄え、暗い茶色の目は一層彼の凛々しさを引き立てている。セイバーは力強い足音を響かせながら歩き、その姿勢は誇り高く、騎士の風格を具現化している。彼の肩には厚いプレートがあり、銀の鎧からは尖った耳が覗いている。

特徴：
セイバーはまさに闇夜に輝く銀の騎士である。彼の姿は周囲の人々に勇気と希望を与える存在であり、敵に対しては恐れと畏怖を与える

 Output

キャラクター名：銀夜（ぎんや）
ニックネーム：-
一言紹介：銀の鎧に身を包んだ凛とした騎士。
短期的動機：王国の平和を守るために戦う。
長期的動機：世界に正義と希望をもたらすこと。
原因のエピソード：幼少期、彼は家族や村を脅かす暗黒の勢力によって襲撃され、悲劇を経験した。
読者の共感ポイント：強い意志と信念を持ち、困難に立ち向かう姿勢。
人柄、性格：銀夜は誇り高く正義感に溢れる人物である。忠誠心が強く、信頼と義務を重んじる。他人に対しても思いやりを持ち、勇敢で決断力がある。
人柄、性格のエピソード：銀夜は仲間を守るために自身の命を捧げる覚悟を持っている。ある時、仲間が危機に陥った際に、彼は自らの身を挺して彼らを守る決断を下した。
善行：無辜の人々を救い、正義を貫くために戦う。弱者や困っている者を助けることに熱心である。
悪行：彼は正義感が強いため、悪行を行うことはない。
強み、長所：銀夜は優れた戦闘技術と身体能力を持つ。また、決断力やリーダーシッ

プの才能も備えている。

弱み、欠点：時に真っ直ぐすぎるところがあり、過度に信頼しやすい一面がある。

弱点のエピソード：彼は信じていた仲間に裏切られた経験があり、それが彼の信頼心を揺るがす一因となっている。

顔、表情、髪型：野性味のある顔立ちで、凛々しい表情をしている。髪は濃い青で染められ、後ろになめらかに寄り添うように整えられている。

体格：筋骨隆々とした体躯で、まさに鋼のように堅い

服装：銀夜は銀の鎧に身を包んでおり、肩には厚いプレートがあります。彼の鎧は優れた防御力を持ちながらも機動性を損なわず、彼の戦闘スタイルに合った設計となっています。

身体的特徴：銀夜の銀の鎧から覗く尖った耳が彼の身体的特徴の一つです。彼は筋骨隆々とした体躯を持ち、威厳に満ちた立ち姿をしています。

知的特徴：銀夜は戦略的な思考と分析力に優れています。彼は戦闘において冷静な判断を下し、状況に応じた適切な戦術を編み出すことができます。

性格的特徴：銀夜は真摯で信念を曲げず、誠実な性格です。彼は他人に対して思いやりを持ち、助けを必要とする者には手を差し伸べる優しさも持っています。一方で、時には厳格で頑固な一面もあります。

特技、趣味：銀夜は優れた剣術の使い手であり、その剣技は周囲から高く評価されています。彼の趣味は読書であり、知識の獲得と自己啓発に努めています。

職業：銀夜は騎士として王国の防衛に従事しています。彼は王国の平和と秩序を守るために日夜戦い続けています。

現在の社会階層：銀夜は騎士として王国に仕える立場にあります。彼は王国の中でも高い地位を有し、王や高位の貴族と共に行動することもあります。

出身の社会階層：銀夜は元々は平民の出身です。彼は困難な環境から騎士としての道を切り開き、自身の力と努力で社会の上層へと登りつめました。

家族：銀夜には家族がおり、彼らとの絆は彼の力の源でもあります。彼の家族は彼の勇気と決断力に影響を与え、彼が正義を貫く原動力となっています。

学歴、略歴：銀夜の学歴は、戦士の養成学校での訓練によって形成されました。幼少期から武術の修行に励み、厳しい訓練を受けて剣術の腕を磨きました。彼はその才能と努力によって騎士の道に進むことができました。

住居、生活：銀夜は王国の騎士団の基地に居住しており、そこが彼の拠点となっています。彼の生活は任務と訓練に充てられ、常に戦闘の準備を整えています。基地では仲間との交流もあり、絆を深めながら共に戦い、生活しています。

癖、仕草、性癖：銀夜は優れた騎士としてのマナーを持ち、誇り高い態度を保ちます。彼の仕草は堂々としており、立ち居振る舞いから威厳と自信がにじみ出ています。彼は細部にまで気を配り、自身の身なりや武具の手入れにも時間を割いています。

執着（事、物、他）：銀夜の最も大きな執着は正義です。彼は正義を貫くことに生涯を捧げ、悪に立ち向かうことを使命と考えています。また、彼は仲間や家族に対しても深い執着心を持っており、彼らの安全と幸福を守るために全力を尽くします。

17.3 キャラクターの会話を生成する

　これまで生成してきたテキストを組み合わせて、2人のキャラクターが、ある場面に初登場したシーンの会話を生成します。キャラクター設定を作成しておくと、キャラクターの背景や性格に合わせた会話をさせることができます。ただ、設定を全て入力文字列に含めるわけにはいかないので、ある程度抜粋して利用します。

　以下が呪文です。これまでと違い、見出しが多いです。「制約」「質問」「場面」「状況」「キャラクター1」「キャラクター2」の6つあります。また、キャラクターについては「口調」という項目を入れています。

 Prompt

制約：
- あなたは、ファンタジーゲームの会話文を書きます。
- 小説の会話シーンのように、ある場所での2人の会話の様子を書きます。
- 登場人物の説明や描写はおこないません。
- いきなり2人の会話を始めます。
- 地の文を書かずに、会話文だけ書きます。
- そうね、そうだな、のような相槌は打ちません。
- 相手の名前は呼びません。
- "場面"、"状況"、"キャラクター1"、"キャラクター2"の情報を無理に盛り込もうとしないでください。
- 自然な会話をおこないます。
- 全体で、800字以内で書いてください。
- 全体で800字以内で書くことを守ってください。
- この制約に必ず従ってください。

質問：
以下の"場面"と"状況"で、"キャラクター1"、"キャラクター2"が会話している小説を書いて下さい。

場面:

山岳地帯が広がる風景。自然の中で、人の気配はない。石立ちする山々が地平線を彩り、その先に広がる森が暗い影を投げかけている。高くそびえ立つ木々がその間に立ち並び、風に揺れる姿が力強さを感じさせる。水面を見つめると、湖や川が澄み渡り、水しぶきを上げる滝の音が遠くから聞こえてくる。遠くには果てしない地平線が広がり、深い青空がその上に広がっている。この絶景は、ただただ息を飲むばかりだ。

状況:

- エメラルド・アイヴィーンとセイバーは、魔物討伐のためにこの土地に初めて来た。
- 山岳には、太古の魔法使いの秘密基地があると言われている。
- 魔物は、太古の魔法使いの秘密基地から出てきているのではないかと噂されている。

キャラクター 1:

口調:〜ね。〜なのね。といった知的な女性口調。
名前:エメラルド・アイヴィーン
一言紹介:魔法の世界から飛び出てきたように美しい少女で、内に秘めた知識と冒険への渇望を持つ。
短期的動機:古代の秘密が詰まった本の謎を解き明かすこと
長期的動機:冒険と新たな知識を追求し、魔法の世界で存在感を示すこと
強み、長所:好奇心旺盛で、知識の吸収と学習能力に優れる。また、人々に対して優しく思いやりがあり、助けることを大切にする。
弱み、欠点:冒険に飛び込む前に熟考することが苦手で、感情に流される傾向がある。
人柄、性格:内向的で物静かに見えるが、知識と冒険への渇望を持ち、探求心旺盛な一面を持つ。瞳には輝きがあり、好奇心と情熱を秘めている。

キャラクター 2:

口調:〜だ。〜だな。といったマッチョな男性口調。
名前:セイバー
一言紹介:銀の鎧に身を包んだ凛とした騎士。
短期的動機:王国の平和を守るために戦う。
長期的動機:世界に正義と希望をもたらすこと。
強み、長所:銀夜は優れた戦闘技術と身体能力を持つ。また、決断力やリーダーシップの才能も備えている。
弱み、欠点:時に真っ直ぐすぎるところがあり、過度に信頼しやすい一面がある。
人柄、性格:誇り高く正義感に溢れる人物である。忠誠心が強く、信頼と義務を重んじる。他人に対しても思いやりを持ち、勇敢で決断力がある。

以下が出力結果です。

 Output

【場面：山岳地帯】
【状況：エメラルド・アイヴィーンとセイバーが魔物討伐のために山岳地帯に来た】
エメラルド・アイヴィーン：あの魔物、太古の魔法使いの秘密基地から出てくるのかしら？
セイバー：まさか、本当にそんな基地があるとは信じがたいな。しかし、この魔物の存在自体が不可解だ。
エメラルド・アイヴィーン：そうね、この土地には謎が多いわ。何か秘密が隠されているような気がするわね。
セイバー：王国の平和を守るために、この魔物を討伐せねばならん。私たちの力で絶対に倒してみせよう。
エメラルド・アイヴィーン：私たちの力だけじゃなく、知識も必要ね。この地域の歴史や魔法に詳しい情報があるといいのに。
セイバー：その通りだ。だが、あまりにも情報が乏しい。この山岳地帯には秘密が詰まっているのかもしれん。
エメラルド・アイヴィーン：そうね、この美しい風景の奥に、古代の魔法使いが残した何かがあるかもしれないわ。
セイバー：この壮大な景色も、私たちには未知の領域だ。冒険はまだまだ続くな。
エメラルド・アイヴィーン：それが魅力よね。新たな知識と冒険を求めて、私たちはこの旅に身を投じるのだもの。
セイバー：魔物を倒し、謎を解き明かす。私たちの冒険が、世界に希望をもたらすことを願っている。
エメラルド・アイヴィーン：私たちの冒険は、ただの戦いではない。人々のため、未来のために進むのよ。
セイバー：そうだ。私たちの使命は、世界に正義と希望をもたらすことだ。この魔物も、私たちが止める時が来た。
【会話終了】

それらしい会話になっていますが、後半になるにつれて会話がぎこちなくなっています。

人手により修正してみましょう。以下、簡単に推敲した例です。

Output

エメラルド・アイヴィーン：あの魔物、太古の魔法使いの秘密基地から出てくるのかしら？
セイバー：まさか、本当にそんな基地があるとは信じがたいがな。あれは古い噂だろう。
エメラルド・アイヴィーン：この土地には謎が多いわ。何か秘密が隠されているような気がするわね。
セイバー：王国の平和を守るために魔物を討伐する。それだけだ。私たちの力で絶対に倒してみせよう。
エメラルド・アイヴィーン：力だけじゃなく、知識も必要よ。この地域の歴史や魔法についての詳しい情報があるといいのに。
セイバー：その通りだ。だが、あまりにも情報が乏しい。
エメラルド・アイヴィーン：この美しい風景の奥に、古代の魔法使いが残した何かがあるのかもしれないわね。

背景とキャラクター

　『ChatGPT』は、今回生成したような下書きのテキストを大量に生成するのに適しています。『Stable Diffusion』で生成した画像に人間が加筆や修正をするように、『ChatGPT』で生成した文章に人間が推敲を加えるとよいでしょう。
　ゲームの開発では、大量のデータが必要になることが多いです。こうした自動生成ツールを使うことで、開発時間を短縮して、ゲームのボリュームを増加させることができます。

あとがき

　本書では『Stable Diffusion』を利用して、ゲームの様々な素材を作りました。新しい道具の登場により、これまでできなかったことができるようになり、短い時間で目的の作業ができるようになるのは、本当にありがたいです。画像生成 AI は、そうした道具の 1 つだと思います。

　過去にもゲームを簡単に作れるツールの登場により、これまでゲームを作っていなかった人が作れるようになりました。ペイントソフトや写真編集ソフトの登場により、短い作業時間で絵を描けるようになりました。高度な機能を持つプログラミング言語の登場や、開発環境の進歩により、複雑なソフトウェアが開発できるようになりました。

　新しい道具が登場したら、それらを積極的に試して自分の仕事に使えるようにする。本書がその一助になればと思います。それでは、また別の本でお会いしましょう。

2023 年 6 月　柳井政和

本書の原稿は、筆者が 2022 ～ 2023 年に、同人ゲーム『Little Land War SRPG』を開発した時の知見を中心にまとめたものです。同ゲームは、シンプルでサクサクと進む SRPG です。Steam 他で配布しています。無料の体験版もありますので、是非遊んでください。

Little Land War SRPG
https://crocro.com/shop/item/llw_srpg.html

Little Land War SRPG

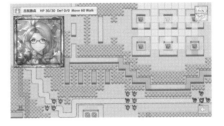
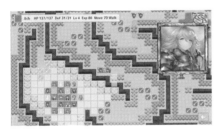
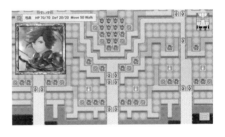

Index

著者プロフィール

クロノス・クラウン合同会社

代表社員　柳井 政和

1975 年福岡県北九州市生まれ。1997 年熊本大学理学部生物科学科卒業。
ゲーム会社勤務を経て、現在クロノス・クラウン合同会社代表社員として、ゲームやアプリケーションの開発、プログラミング系技術書や記事の執筆をおこなう。
主著に『マンガでわかる JavaScript』（秀和システム）『JavaScript[完全] 入門』（SB クリエイティブ）などがある。

装丁・本文デザイン

クオルデザイン 坂本真一郎

がぞうせいせいけいエーアイ
画像生成系AI
ステーブル ディフュージョン
Stable Diffusion
ゲームグラフィックス
じどうせいせい
自動生成ガイド

発行日	2023年 8月27日	第1版第1刷

著　者　クロノス・クラウン　柳井 政和（やない まさかず）

発行者　斉藤　和邦

発行所　株式会社　秀和システム

〒135-0016
東京都江東区東陽2-4-2　新宮ビル2F
Tel 03-6264-3105（販売）Fax 03-6264-3094

印刷所　三松堂印刷株式会社

©2023 Cronus Crown　　　　　　　　Printed in Japan

ISBN978-4-7980-6233-4 C3055